赵欣如 肖 雯 梁 烜/编 著

鸟类环志与保护
BIRD BANDING AND CONSERVATION

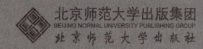

北京师范大学出版集团
BEIJING NORMAL UNIVERSITY PUBLISHING GROUP
北京师范大学出版社

图书在版编目（CIP）数据

鸟类环志与保护／赵欣如，肖雯，梁烜编著.—北京：北京师范大学出版社，2010.9
ISBN 978-7-303-11077-3

I.①鸟… Ⅱ.①赵…②肖…③梁… Ⅲ.①鸟－迁徙（动物）－基本知识②鸟－保护－基本知识 Ⅳ.① Q959.7

中国版本图书馆 CIP 数据核字（2010）第 111697 号

营 销 中 心 电 话	010-58802181 58808006
北师大出版社高等教育分社网	http://gaojiao.bnup.com.cn
电 子 信 箱	beishida168@126.com

出版发行：北京师范大学出版社 www.bnup.com.cn
　　　　　北京新街口外大街 19 号
　　　　　邮政编码：100875
印　　刷：北京京师印务有限公司
经　　销：全国新华书店
开　　本：170 mm × 240 mm
印　　张：12
字　　数：193 千字
版　　次：2010 年 9 月第 1 版
印　　次：2010 年 9 月第 1 次印刷
定　　价：39.00 元

策划编辑：姚斯研　　　　责任编辑：姚斯研
美术编辑：毛 佳　　　　　装帧设计：毛 佳
责任校对：李 菡　　　　　责任印制：李 啸

序
PREFACE

在我们这个星球上生活着近一万种鸟，它们分布在世界各地。

鸟类能到处飞翔，而人们却并不觉得奇怪，那是因为大家早把鸟类会飞视为本来的自然现象。引起人们好奇的是：有相当多的鸟种每年要在繁殖地和越冬地之间长距离飞行。由于这种飞行具有集群、定向、周期性和长距离的特性，科学家将其称之为迁徙（migration）。

迄今为止，鸟类迁徙仍然是自然界中的不解之谜。多少年来，从民间到鸟学界，人们都在思考着围绕鸟类迁徙的种种问题。最集中的思考与研究可归为三大方面，即鸟类迁徙的成因；鸟类迁徙的动因（诱因）；鸟类迁徙的定向机理。正是这些基本而重要的问题的提出，鼓舞和激励着世界各国科学家和鸟类爱好者对众多鸟类的行为进行着长期观察、记录、研究与分析。

关于鸟类迁徙的成因，有三种假说。第一种假说认为鸟类起源于北方的高纬度地区。第四纪冰川自北向南逐渐入侵，迫使鸟类向南方地区迁移，待到夏季冰川退却，鸟类又重新返回北方地区。随着冰川周期性的入侵和退却，使鸟类按一定节律往返于繁殖地与越冬地之间，并形成了迁徙的习性。第二种假说认为鸟类起源于南方的热带森林，由于种群的大量繁殖造成了对食物需求量的增加，因而，种群压力促使某些鸟类在夏季向北方冰川退却的地方扩散，而冰川来临时再回到南方越冬，久而久之，这些鸟种形成了迁徙的行为。第三种假说认为鸟类起源于南方，由于大陆板块自南向北的漂移，许多鸟类被带到了北方地区，这些鸟类不断地返回南方故乡的种种尝试形成了其迁徙的习性。三种关于鸟类迁徙成因的假说都有一定的道理，但都尚存在着或多或少的欠缺，均缺少一系列强有力的证据作为支撑。因此，都不能令人信服。

关于鸟类迁徙的动因，一些学者认为是光照的周期性变化造成的；另一些学者则认为是季节变动及其食物丰富度改变造成的；但有一些实验证明鸟类的迁徙兴奋（zugunruhe 或 migratory restlessness）是由体内的生物节律所决定的，即迁徙兴奋的产生以及迁徙兴奋期的长短是由鸟类体内的遗传因素控制的。从而也可以解释有些鸟种的幼鸟不需要被亲鸟带领就能准确回到它们祖先的越冬地，证明鸟类的迁徙是一种本能行为。

关于鸟类迁徙飞行的定向机制亦有不同的说法，如太阳定向（sun orientation）说、星辰定向（stellar orientation）说、地标定向（landmark orientation）说、地磁场定向（geomagnetic orientation）说等。这些难题至今在各国的实验室中及野外仍不断地开展着广泛的研究，人们试图通过令人信服的实验与观测数据支持自己的研究结论。

而本书讨论的是鸟类迁徙规律及其研究手段的问题，这类问题远比上述问题简单得多，但在该领域的研究亦已进行了一百多年。尽管有这样长的研究历史与专业付出，据人类需要得到的满意答案还相差甚远。从自然和社会发展的角度看，人们希望了解更多鸟类迁徙的规律，不仅仅是出于好奇，它涉及人类在生产生活中的健康与安全，也涉及野生鸟类的保护与利用、管理及预防。掌握了候鸟的迁徙规律及其动态，人们的经济活动会更加安全、有序、合理。

我们期望针对候鸟采取有效保护措施，如：濒危迁徙鸟种的迁徙路线、途经的停歇地以及繁殖地和越冬地建立自然保护区；对重要鸟区季节性限制使用农药和杀虫剂，以避免对候鸟造成伤害；利用人工招引技术适时将食虫候鸟引入农田、果园、城市公园及自然林地，对农林虫害进行生物防治；根据候鸟的迁徙动态制定各机场春秋两季的鸟撞防治方案及策略，最大限度降低鸟机相撞的发生几率，保障航空安全；根据对候鸟的监控，预防诸如禽流感等重要的全球性人禽交叉感染疾病等。

由此看来，开展对鸟类迁徙的研究工作十分重要。迁徙研究不仅涉及基础理论层面，更多地涉及生态应用与管理层面。

一百多年来，世界鸟类环志（bird ringing 或 bird banding）工作的发展告诉我们：鸟类环志是一项国际化研究，需要各国使用相同的一些技术手段和方法，丹麦的鸟类学家马尔顿逊（Mortensen H.C.）在1889年发明的标志环技术在世界范围普及，并且沿用至今。全世界每年被环志的鸟多达1 000万只，累计回收鸟类超过20万只。可谓是一项持续开展的浩大工程。

从两千多年前中国《吕氏春秋》中记载的宫女以彩帛系于燕足，以观察其来年是否飞回（这很类似于现代科学研究中的环志的方法），到马尔顿逊的金属标志环技术与方法，再到近年来许多国家尝试过的无线电、卫星追踪技术连续追踪鹤、琵鹭迁徙等，标志追踪技术一直在不断发展。但使用特制的金属标志环研究鸟类迁徙仍然是最经济有效的科学手段与技术方法。因为标志环上标注着完整有效的标准信息，无论戴环的鸟类飞到哪个国家和地区，它的回收都会给人类增加重要的科学记录。人们根据如此众多的回收信息不断去解读各种鸟类的生活历程与旅行轨迹。

许多国家在开展鸟类环志工作中采取了专业人员与志愿者相结合的方式，收到了很好的工作成效。中国虽然开展鸟类环志工作仅二十余年，但在该领域的研究与发展卓有成效：组建了全国鸟类环志中心；制定了相关的制度与发展战略；完成了全国工作站、点的基础布局；研制出我国使用的系列金属鸟环并公布了鸟类环志的技术规范；先后开展了与日本、美国、澳大利亚、韩国、俄罗斯等国家的广泛合作。随着我国鸟类环志工作及研究逐步走向深入，全国鸟类环志中心决定实施环志人员考核认证制度，各地环志站点的专职人员急需提升专业技术，同时需要在社会上培养大批环志志愿者人员。

中国的大学对社会而言应具备三大职能，即人才培养，科学研究，社会服务。基于这一基本理念，北京师范大学在中国鸟类环志领域作了突出贡献，是最早建立鸟类环志站、点的单位之一，并且从1984年至今每年坚持结合大学生的动物学课程野外实习开展鸟类环志工作；于1999年创建《鸟类环志与保护》选修课程，率先在北京的18所高校授课，在大学开展鸟类环志的普及教育工作，并且从2002年开始创建了该课的课程网站，修读该课程的学生累计超过1 200人；自2000年开始在秦皇岛鸟类保护环志站的大力支持下，组织业余观鸟者及大学生开展鸟类环志综合培训25期（每期5天），累计培训了200多人次。

撰写本书的目的也是想进一步在高校通过相关课程搭建一个较高层次的鸟类环志交流平台，面向中国的大学生、环志志愿者、各地鸟类环志站与环志点的一线专职人员开展鸟类环志的科学技术教育，使关心环志、从事环志的朋友们便于学习、提升和交流，使中国鸟类环志事业朝着科学的方向稳步发展。

当鸟类迁徙的规律有了深入研究的成果时，人们回答鸟类迁徙的成因、动因和定向机制等这些难题时才可能具有充足的证据与足够的信心。让我们不仅仅是期待，而是共同参与，共同推动吧！

感谢福特基金会对中国鸟类环志教育推动工作的关心与支持！

赵欣如

2010年4月，北京

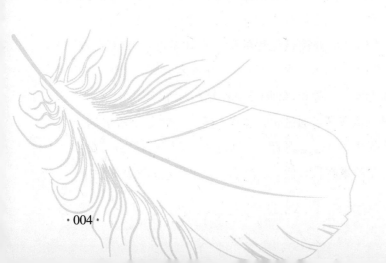

目 录
CONTENTS

目 录
CONTENTS

第一章

鸟类的迁徙

　　有一种看起来小巧玲珑，但却矫健有力的鸟，叫做北极燕鸥（*Sterna paradisaea*）。它们所创造的奇迹让人肃然起敬。

　　北极燕鸥在北极繁殖，但却要到南极去越冬。它们的体重仅有113克，每年在两极之间往返一次，行程可达数万千米。人类虽然已经造出了非常先进的飞机，但要在两极之间往返一次，也绝非易事。因此，人们把北极燕鸥超凡的迁徙能力视为自然界里的壮举，它们的飞行历史不得不让人敬佩。不仅如此，它们还是长寿之鸟，有着非常顽强的生命力。1970年，有人捕捉到一只脚上套环的北极燕鸥，结果发现，那个环是1936年套上去的。也就是说，这只北极燕鸥至少已经活了34年。由此算来，它在一生当中至少要飞行150多万千米。

图1.0-1
北极燕鸥（*Sterna paradisaea*）摄影：Peter Zwitser

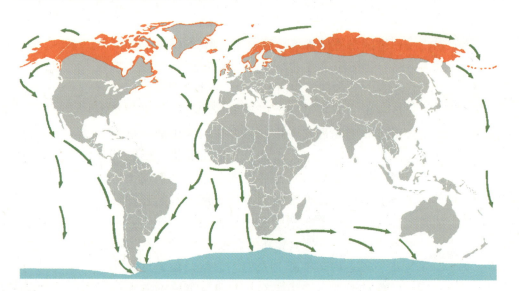

图1.0-2
北极燕鸥（*Sterna paradisaea*）的迁徙路线
图片来源：引自Arctic Tern-BirdLife Species Factsheet, Pontoppidan , 1763

第一节
鸟类的迁徙行为

一、鸟类的迁徙和居留类型

很多鸟类和北极燕鸥一样，每年随着季节的变化而往返于繁殖地和越冬地之间，这种长距离的有规律的运动被称为迁徙（migration）。对一个地区来说，根据鸟类居留习性的不同可以把鸟类分为留鸟、候鸟（夏候鸟、冬候鸟）、迷鸟和漫游鸟等。

（一）留鸟（resident）

终年留居于其固定栖息区的鸟，称为留鸟。留鸟一般终年栖息于同一地域，或者仅有沿着山坡的短距离迁移现象。

（二）候鸟（migrant）

候鸟指一年中随着季节的变化，定期沿着相对稳定的迁徙路线，在其繁殖地和越冬地之间作远距离迁徙的鸟类。

夏候鸟（summer resident），夏季在某一地区繁殖，秋季离开繁殖地到南方较温暖地区过冬，第二年春季又返回这一地区繁殖的候鸟，就该地区而言，称为夏候鸟。

冬候鸟（winter resident），冬季在某一地区越冬，春天飞往北方繁殖，到秋季又飞临这一地区越冬的鸟，就该地区而言，称为冬候鸟。

旅鸟（traveller），候鸟在繁殖地和越冬地之间迁徙时，途中会经过某些地区，但不在这些地区繁殖也不在这些地区越冬，这些种类就称为这些地区的旅鸟。

（三）迷鸟（straggler bird）

在迁徙过程中，由于狂风或其他气候条件骤变，或是鸟类的定向出现问题，使其远离通常的迁徙路径或栖息地，偶然来到异地的鸟视为该地的迷鸟。

（四）漫游鸟（wander bird）

有些鸟种在非繁殖季节有漫游的习性。漫游也称为"游荡"或"游猎"，是

图1.1-1
迁徙经过北戴河海滨的中杓
鹬（*Numenius phaeopus*）
摄影：姚毅

一种看似无规律的活动。游荡似乎主要是由于外部食物条件的波动所造成的。游猎活动大多局限于一些猛禽和海洋鸟类。

二、鸟类迁徙行为的多样性

候鸟的迁徙通常为一年两次，一次在春季，另一次在秋季。春季的迁徙，大都是从南向北，由越冬地飞往繁殖地；秋季的迁徙，大都是从北向南，由繁殖地飞往越冬地。但也发现有的鸟类沿东西向迁徙。鸟类迁徙的途径因种而异，有的鸟类沿着海岸线迁徙，有的则沿着山脉迁徙。迁徙距离差异更甚，北极燕鸥是迁徙距离最长的鸟类之一，从它们在北极的繁殖地到非洲南部和南美洲南部的越冬区，行程22 530千米。而在热带地区的某些鸟类，它们在两个栖息地之间的迁徙仅几百千米的距离。几乎没有一种鸟是从它的繁殖地直接飞往越冬地的，它们中途还要多次在合适的驿站作停歇和补给，但停歇的次数却各不相同。另外，迁徙鸟的集群类型也不尽相同。雁类、鹤类等大型鸟类在迁飞的时候，常常集结成群且编队飞行，常排成"一"字形或"人"字形的队伍；而家燕等体形较小的鸟类，则组成密集且不规则的鸟群；猛禽的迁徙却常常是呈稀疏的群体或单只飞行，个体之间总是保持着一定的距离。

鸟类迁徙行为如此多样，其中有很多的奥秘有待人们去探索。

第二节

鸟类迁徙的原因

鸟类迁徙的原因很复杂，到目前为止还没有得到很好的解释。目前的种种观点大致可归纳为以下几点：

（一）外界生态条件的影响

外界生态条件包括气温高低、光照长短、食物多少等。有人认为，鸟类迁徙主要是对冬季不良食物条件的一种适应，以寻求丰富的食物供应，尤其是食虫鸟类最为明显。也有人认为北半球夏季的足量日照（昼长夜短）有利于亲鸟以更多的时间寻找食物喂养雏鸟。这两种观点相辅相成，但还是不能解释迁徙方面所涉及的各种复杂事实。

（二）内在的生理原因

外部生态因素必须通过内部生理机制才能起作用，神经内分泌等生理活动对于有机整体的生活机能具有重要影响。实验证明，鸟类的一些激素的分泌与光照的长短有密切关系。光照增长，激素分泌相应增加，促使生殖腺发育、膨大，使鸟类向北迁徙；光照缩短，激素分泌减少，生殖腺萎缩，内分泌机能改变，就会促使鸟类向南迁徙。

（三）历史遗传性因素

有人认为鸟类的迁徙是一种本能，是由于历史上自然环境发生变化而形成的。如地壳的变化和冰川的消长产生的影响，迫使鸟类从原来生活地区向另一个地区迁徙，在长期的历史作用下，逐渐形成了代代相传的迁徙的本能。

这三方面的原因看来并不是孤立的，而是相互关联，相互制约的，探讨鸟类迁徙的原因需把这几个方面综合起来考虑。

第三节
鸟类迁徙的定向（导航）之谜

对于迁徙的候鸟来说，每年春秋的两次远距离飞行它们都需要准确无误地找到自己的目的地，并且它们的迁徙大都是沿着相对稳定的路线飞行。是什么帮助它们不偏离航线，是什么让它们有了方向意识，又是什么让它们不会认错繁殖地和越冬地？

人们很早就开始研究鸟类的迁徙定向问题，并根据观测和实验结果提出了许多解释的理论。目前公认的鸟类定向机制一般分为两大类：视觉定向和非视觉定向。

（一）视觉定向 (visual orientation)

视觉定向包括太阳定向，星辰定向，地标定向。

1. 太阳定向 (sun orientation)

在北半球，太阳白天是从东向西"运动"。在这些地区旅行的任何人要想依靠太阳辨明方向，都必须准确无误地掌握时间，还必须进行必要的时差换算。令人惊讶的是，一些动物也有这种非凡的本领。生物学家瓦利亚姆·基吐纳曾在书中写道："鸽子在飞行中能够准确无误地确定自己的方向和路线，因为它能选择一个与太阳间的固定角度，同时能够在飞行中每小时调整15次角度，即太阳白天位置变化的次数。简而言之，鸟儿能够最准确地感觉到时间，它们是通过身体中像钟表似的感觉器官在天空飞行中计算太阳位置的。"

2. 星辰定向 (stellar orientation)

20世纪50年代末，德国费赖堡大学鸟类学家萨维尔曾发现，部分鸟类有一种承袭的天性——能够辨别夜空中的星图。萨维尔进行了一次有趣的实验，他在一间圆顶型的大厅内仿制天空，用人工的方法布上了许多能活动的星星，作为人造天体，随后放入一只欧歌鸲（*Turdus philomelos*）。这种鸟每年从斯堪的纳维亚山脉北部飞往非洲南部。与其他鸟不同的是，它们不是跟随着为首的鸟成群结队地南飞，而是小鸟在前，其他鸟在后。小鸟初次南飞也能够准确地飞抵目的地。这表明，欧歌鸲在迁徙中是依靠自己独特的天性分辨方向的。在这次实验中，萨维尔将欧歌鸲放入大厅内，随后变化厅内星星的位置，以观察此鸟是否采取捷径南飞。实验表明，这种鸟在变化的天体中不断改变方向，采取了最佳途径一直向南飞。于是萨维尔得出结论说，欧歌鸲是凭借自己的天性以观察天空中星星的位置进行迁徙的。但是这种鸟分辨方向的能力或者说天性为什么这样强？为什么能在变化的天体中以观察星星的位置径直南飞？它与天体间又有什么样的关系？这些问题仍然使萨维尔困惑不解，至今也未能找到明确的答案。

3. 地标定向 (landmark orientation)

迁徙的鸟类还可以根据陆地的某些特征来定向。这些特征包括海岸线、河流、山脉、森林，等等。北鲣鸟 (*Morus bassanus*) 被人运到342千米以外放飞，也能找到熟悉的大西洋海岸线，而后迅速飞回原栖息地。

（二）非视觉定向 (non-visual orientation)

非视觉定向包括地磁场定向，听觉定向。

1. 地磁场定向 (geomagnetic orientation)

很早以前，人们就推测在鸟类迁徙过程中的导航定向可能与地球磁场存在某种联系。近年来的实验已证实了地磁场定向机制的存在。当给信鸽的头上加上一块具有特定极性的人工磁铁后，它的飞行将不能正确地定向，而不加磁场的信鸽即使在阴天情况下也能正常返巢。

2. 听觉定向 (acoustic orientation)

有些鸟类能听到次声波范围，即它们的听觉能辨别最低达到0.05Hz的低频，所以比人的听觉 (16~20 000Hz) 更灵敏。有人认为鸟类可能用来自海浪、急流风、山谷的气流等的次声波定向。但也有人认为回声能够为迁徙鸟提供飞行高度和地面特征的某些信息。

第四节
鸟类迁徙研究

目前，候鸟迁徙的研究方法可归纳为两个基本类型，即观察法和实验法。

观察法，是通过观察，以获得鸟类的种类、数量、迁徙时间和迁徙路线等大量基础资料的方法。观察地点通常选择在海角、远离大陆的海岛以及山脉的隘口等处，这些地方在迁徙期常有大量候鸟经过。由于很多候鸟在夜间迁徙，需要采用圆月观察法或云高计技术法借助月光或辅助光观察候鸟的迁徙飞行。

实验法包括环志法、雷达法、无线电遥测法、卫星追踪法等。

环志（bird banding or ringing）法，是目前研究鸟类迁徙最常用、最普及的方法。环志法是一种通过对鸟类个体实施标记和追踪以研究鸟类的方法。在候鸟的繁殖地、越冬地或迁徙停歇地捕捉鸟类，将用金属或其他材料制成的带有编号的鸟环佩戴在鸟体，然后将鸟在原地放飞以便在其他地点再次重

图1.4-1
圆月观察法
图片来源：http://www.farmer.com.cn

图1.4-2
给雀鹰（*Accipiter nisus*）戴上金属环
摄影：金俊

新观察到或捕捉到，通过对比，综合分析环志和回收时所记录的信息，可以了解鸟类的迁徙路线、迁徙停歇地、迁徙范围、迁徙速度以及鸟类的寿命等信息。

雷达（radar）法，是通过对不同时间雷达屏幕照片的分析，获取迁徙候鸟的体积、迁徙方向、高度及速度等方面信息的方法。雷达屏幕照片分析还可以提供鸟类振翅频率和所在位置等信息。雷达技术应用于鸟类迁徙的研究始于20世纪50年代。目前，先进的雷达设备可以监测到周围半径100千米范围内飞行的鸟类，而对大型鸟类的监测半径可达500千米。利用雷达监测鸟类的迁徙，可以不受天气条件和鸟类飞行高度对观察者的影响。通过多个雷达站的共同监测，可以了解在大的空间尺度上候鸟迁徙的信息。

无线电遥测（radio telemetry）法，是通过在鸟类身上安装小型无线电发射器，利用接收器接收其发射的电波来确定其位置并收集有关信息的一种方法。用这种方法可以了解鸟类的迁徙动态（如监测繁殖鸟或越冬鸟是否已离开栖息地进入迁徙状态），而且通过此项技术来了解鸟类个体生态，研究鸟的领域、巢域等占区行为，以及不同种群间的相互关系、鸟类寻食、活动特点等生态现象都是非常有效、准确的。

卫星追踪法（satellite tracking），是一种利用卫星定位开展鸟类研究的方法。卫星追踪系统包括佩戴在鸟体的信号发射器、安装在卫星上的传感器以及地面接

图1.4-3
使用接收器接收标记鸟的无线电信号
摄影：李海涛

图1.4-4
戴有无线电发射器的褐头鸫（*Turdus feae*）
摄影：李海涛

收站 3 部分。信号发射器本身带有电池，可按照预先设定的时间间隔向外界发射固定频率的信号，卫星上的传感器接收后，将此信号传送给地面接收站，通过分析确定追踪对象所在的地理位置、海拔高度等信息，并反馈给研究人员，从而实现对鸟类迁徙整个过程的即时监测。

第二章

世界鸟类环志

　　好奇心和探索的欲望总是人们了解自然的不息动力。当动力遇到合适的方法或是动力促使了恰当方法的形成，那么，结果可能不仅仅是好奇心的满足，也许会更多。

第一节
科学的标记——从马尔顿逊说起

　　屋檐下筑巢的家燕 (*Hirundo rustica*) 秋天离开后，来年春天是否还会飞回；苍鹭 (*Ardea cinerea*) 的寿命究竟有多长，它们迁徙的时候究竟能飞多远；如何能在灰胸长尾霸鹟 (*Sayornis phoebe*) 雏鸟来年归来的时候区分它们……无论是汉朝宫女，还是英国公爵，又或是美国博物学者，他们在试图解答对鸟类的这些疑问时，都采用了同样的方法——标记。在燕子脚上系彩锦，在苍鹭脚上套银环，在灰胸长尾霸鹟雏鸟脚上裹银质灯芯绒套，都让他们轻而易举地识别了被标记的个体。标记的方式多种多样，更有甚者，用油漆涂在鸟类的羽毛上作为标记。

图2.1-1
马尔顿逊
图片来源：Viborg Stifts

　　科学标记鸟类，要从马尔顿逊 (Mortensen H.C.) 说起。1899年，这位年轻的丹麦教师用带有他姓名、地址和有序编号的铝环套在164只欧椋鸟 (*Sturnus vulgaris*) 脚上，希望它们在放飞后被发现，信息能返回到自己手里，以此研究欧椋鸟的迁徙。马尔顿逊还用同样的方法研究针尾鸭 (*Anas acuta*)、白鹳 (*Ciconia ciconia*) 和鹰科的几种鸟。编号在标记的有效性和标记个体的数量上发挥了重要作用，而姓名和地址则为环志信息的回收提供了可能性和必要条件。因此，世界各国都公认马尔顿逊是科学鸟类环志的创始人。

第二节
鸟类环志的发展历史

在鸟类环志发展的100多年间，随着科学技术的发展，一些现代化的技术被运用到环志领域中来，但仍以带序号的金属环标记和回收为主要方式。纵览鸟类环志的发展历史，还有一个比技术方法的发展更令人兴奋的成果，这就是国际合作使得环志的作用得以充分的发挥。

从1899年至今，鸟类环志的发展大致经历了三个重要阶段。

第一阶段：起始阶段（1899～1909年）

在马尔顿逊成功使用环志方法研究鸟类迁徙后，这种方法很快传到了其他一些欧洲国家，并得到认可。最先接受马尔顿逊环志方法的是德国，1901年德国便开始了鸟类环志活动，并于1903年在波罗的海沿岸设立了世界上第一个由官方主持的鸟类环志站。英国、芬兰、瑞典、荷兰等欧洲国家也逐步开始环志，相继建立鸟类环志站。之后，环志的方法又被北美各国采用，最后传播到太平洋地区各国。

第二阶段：初步联合阶段（1909～1977年）

鸟类迁徙活动的广域性和跨国性，使以回收信息为目的的环志活动强烈要求联合，地区联合、国家联合成为迫切需要。1909年，美国成立了美国鸟类环志协会（American Bird Banding Association），目的是组织和支援日益增多的私人环志组织。1920年，美国生物调查办公署（Bureau of Biological Survey）和加拿大野生动植物署（Canadian Wildlife Service）共同管理鸟类环志协会的事务。在此之后，又有包括墨西哥在内的一些拉丁美洲国家加入到这个北美环志协会中。北美鸟类环志研究开始联合。之后的1916年和1936年，美国、加拿大、墨西哥签订的政府间候鸟保护协定，极大地推动了美洲的鸟类环志发展。1963年，欧洲许多国家和环志机构共同在瑞士建立了欧洲鸟类环志联盟（EURING – The European Union for Bird Banding），参与联盟的有30多个国家，很好地实现了西欧环志的联合。

第三阶段：大联合阶段（1977年至今）

1977年在荷兰阿纳母设立了欧洲鸟类环志联盟环志数据库（EDB–Euring Data Bank），存储处理鸟类环志放飞和回收的信息。欧洲鸟类环志研究形成了由欧洲环志中心协调一致的网络系统，环志数据得到了充分的共享。西欧、北欧以及东欧部分国家近一个世纪以来的鸟类环志研究使欧洲国家基本掌握了鸟类大多数种类的迁徙规律。太平洋区域的澳大利亚、日本、中国等国也开始合作进行环志研究。世界范围内大规模的鸟类环志网络已经初步形成，为从各个不同方面研究鸟类生物学和保护学提供了光明前景。

表 2.2-1 世界主要环志国家和地区鸟类环志概况（自日本山阶鸟类研究所，1994）

国 名	年 环 志 数量(万只)	累计环志 数量(万只)	调查期间 （年）	环志者 数量(人)	费用承担者及实施部门
美国和加拿大	120	3 222	1909～1980		国家,野生动物局
英 国	84	2 166	1909～1990	2 253	国家34%,英国鸟类协会 10%,中心56%
俄罗斯(苏联)	51	825	1925～1982		国家鸟类环志中心
芬 兰	24	605	1913～1992	561	芬兰国立大学
西 德	21	953	1909～1981	780	国家86%,州立鸟类研究所
瑞 典	20	341	1960～1983		瑞典国家自然博物馆
荷 兰	19	514	1911～1986	275	荷兰鸟类观测所
日 本	14	190	1961～1992	380	日本环境厅 （山阶鸟类研究所）
法 国	14	105	1975～1985	250	法国鸟类研究
东 德	10	190	1964～1982		国家
挪 威	12	103	1914～1980	170	挪威博物馆
波 兰	9	88	1975～1983	120	波兰科学院
意大利	8	98	1929～1983	70	国立生物研究所
澳大利亚	7	157	1953～1980	407	国家公园野生生物局
瑞 士	6	12	1977～1978	170	私立鸟类研究所 （国家资助1/5）
罗马尼亚	6	46	1974～1984		国家

续表

国 名	年 环 志 数量(万只)	累计环志 数量(万只)	调查期间 (年)	环志者 数量(人)	费用承担者及实施部门
西班牙	5	63	1957～1984		国家迁徙鸟类调查中心
保加利亚	4	20	1960～1984		国家
新西兰	3.5	101	1973～1987		国家
南斯拉夫	3	83	1910～1984		国家
中国台湾	0.7		1987～1990		野鸟学会(1/3 由政府资助)
丹 麦	0.5	21	1950～1984	10	国家野生生物中心
中 国	0.5	6	1983～1990	200	林业部(全国鸟环志中心)
匈牙利	0.2	1.4	1975～1980		国家
伊 朗	0.1	4	1961～1982		国家
突尼斯	0.1	15	1967～1985		国家

第三节
各国和各地区鸟类环志介绍

全球鸟类环志工作以全球候鸟迁徙的三条主要路线划分为三大联合区域：东线：东亚-澳大利亚；中线：欧洲-非洲；西线：北美洲-南美洲。

一、东线：东亚-澳大利亚
东线进行鸟类环志的国家有中国、日本、澳大利亚等。

（一）日本
日本是亚洲最早开展环志研究候鸟迁徙规律的国家。2002年之前，也是亚洲地区年环志鸟和回收鸟数量最多的国家。

1924年农商部畜产局鸟兽调查室首次在日本环志。在日本环志的第一个20年间，环志鸟近317 000只，回收15 382只。1944~1960年，因受到第二次世界大战的严重影响，日本环志工作基本停止。1961~1963年，农林省委托山阶鸟类研究所在30个县进行基础调研，为恢复环志做准备，1964年正式恢复环志工作。1961~2002年间，累计环志放飞鸟类3 500 000只，回收20 000余只。近几年，平均每年环志鸟180 000只。

"民办公助，以民为主"是日本鸟类环志工作组织和管理特点的概括。日本政府负责管理环志工作的机关是环境厅，环志的具体工作由环境厅委托山阶鸟类研究所实施，所需费用由环境厅按国会批准的预算拨给。林业厅在全国设有鸟类观测站（环志站），由山阶鸟类研究所负责管理和使用这些站开展环志调查。据日本山阶鸟类研究所《鸟类回收记录分析报告书（1961~1995）》统计，到1995年，全日本总计有环志站60处，其中一级站10处，二级站50处。在日本，鸟类环志站分为两级：一级站由国家投资建设，在适宜的鸟类栖息停留地设置实验室，由专业人员在环志季节偕同大批业余鸟类爱好者进行环志工作；二级站由地方民间投资建设，也有少数业务水平很高的业余鸟类环志人员可以在自己的居住地附近定点设网捕捉环志。参加鸟类环志的业余人员大多来自日本野鸟学会、鸟类保护联盟等民间团体，民间团体和鸟类爱好者是日本鸟类环志的主力队伍。

在环志工作中，日本不是单纯追求环志数量，而是在一定环志鸟类数量的基础上，详细记录每只环志鸟的年龄、性别、体色差异等生物学和生态学信息。对于一些常见的小型鸟类，已能根据其头骨气室化程度、羽色、虹

图2.3-1
日本山阶鸟类研究所
图片来源：日本山阶鸟类研究所

膜颜色、尾羽和飞羽形状等特征，准确分辨出性别、年龄。日本的环志工作还有一个特点，环志鸟不仅限于候鸟，很多留鸟也被作为环志对象。环志鸟以小型的雀形目鸟类为主，游禽和涉禽也是环志的重点。

从1975年开始，山阶鸟类研究所每年将环志数据和分析报告汇编成册，形成环志研究年报并发表。还有很多环志信息和环志研究成果被陆续整理、出版，使得环志成果能够进一步得到利用。

图2.3-2
日本鸟类环志年度报告与环志手册
图片来源：日本山阶鸟类研究所

（二）澳大利亚

澳大利亚是太平洋区域开展鸟类环志活动最早的国家。

澳大利亚的鸟类环志工作开始于1912年，澳大利亚皇家鸟类联盟（RAOU-

图2.3-3
澳大利亚环志研究的灰头飞蝠（*Pteropus poliocephalus*）
摄影：Andrew Smith

Royal Australian Ornithologists Union）和墨尔本观鸟俱乐部给短尾鹱（*Puffinus tenuirostris*）和白脸海燕（*Pelagodroma marina*）做了环志标记。在此之后，澳大利亚的鸟类环志工作发展相对缓慢。直到1947年，澳大利亚联邦科学与工业研究组织（CSIRO-Commonwealth Scientific and Industrial Research Organization）和塔斯玛尼亚动物局（Tasmanian Fauna Board）合作环志短尾鹱。

此后不久，很多个州开始建立地区鸟类环志组织环志水鸟。1953年，CSIRO的野生动物研究部门建立了澳大利亚鸟类环志组织，负责在全国范围内统筹鸟类环志工作。1960年澳大利亚建立了蝙蝠环志组织，和鸟类环志组织共同组成澳大利亚鸟类和蝙蝠环志研究组织（ABBBS-Australian Bird and Bat Banding Scheme）。1984年，ABBBS改由澳大利亚国家公园和野生生物管理局（ANPWS- Australian National Parks and Wildlife Service）负责组织实施。从ABBBS建立至今，共有2 600 000只鸟和蝙蝠被环志，其中140 000被再次捕获。

澳大利亚在东亚-澳洲迁徙水鸟的研究工作中起到了不可忽视的推动作用。1981年成立的澳大利亚涉禽研究组织，进一步扩大了澳大利亚涉禽研究的数量和环志工作地点的范围。每年大量的涉禽和游禽在澳大利亚被环志和回收。1991年，澳大利亚研究人员开始使用彩色旗标研究滨海鸟的迁徙规律，提高了环志鸟的目击回收率。1997年2月，在日本召开的中澳和日澳候鸟协议会议上，澳大利亚倡议起草一份整个迁徙路线执行彩色旗标协议的计划。2001年，《东亚-澳洲迁徙路线上迁徙海滨鸟彩色旗标协议书》完成，内容包括：定义、地理覆盖区域、涉及的海滨鸟、彩色旗标方法、彩色旗标项目的管理、信息交流、再发现及结果的整理和

图2.3-4
澳大利亚环志者环志信天翁（*Diomedea gibsoni*）
摄影：David Drynan

出版。协议给出了迁徙线路上彩色旗标的分配建议，规范了彩色旗标的使用，减少了由于不同国家和地区彩色旗标冲突等问题而造成的回收数据混乱，促进了在东亚-澳洲迁徙路线上的水鸟环志研究的国际合作。

二、中线：欧洲-非洲

图2.3-5
欧洲鸟类环志联盟数据管理基地
图片来源：欧洲鸟类环志联盟

　　欧洲的丹麦于1889年最早将金属环用于鸟类的个体标记。自1963年以来，欧洲鸟类环志联盟在30多个欧洲国家共同开展科学的鸟类环志活动。据EURING的不完全统计，截至1996年，全欧鸟类环志基本情况如下：

表 2.3-1　欧洲鸟类环志基本情况（自 Euring Newsletter 1）

国　别 （或环志中心）	工 作 人 员			环志 人员	环志 数量	环志数 量/人	环志 种类	自我 回收	国外 回收	总计
	科研	办事员	总计							
1 比利时	1.0	5.0	6.0	375	600 000	1 600	230	4 750	1 000	5 750
2 保加利亚	1.0	1.0	2.0							
3 海峡岛	1.0	1.5	2.5	15	9 000	600	85	80	120	200
4 克罗地亚	2.0	0.0	2.0	44	15 000	341	140	120	70	190
5 塞浦路斯	0.0	1.0	1.0	11	350	32	30	4		4
6 捷克斯洛伐克	2.0	1.0	3.0	570	80 000	140	210	1 200	600	1 800
7 丹麦（卡洛）	0.5	0.5	1.0	25	5 000	200	20		300	300
8 丹麦哥本哈根 动物博物馆	0.5	2.5	3.0	153	100 000	654	185	3 500	500	4 000
9 爱沙尼亚	1.0	1.0	2.0	125	67 000	536	166	1 850	125	1 975
10 芬兰	1.0	4.0	5.0	670	235 000	351	240	24 000	550	24 550

续表

国 别 (或环志中心)	工作人员			环志 人员	环志 数量	环志数 量/人	环志 种类	自我 回收	国外 回收	总计
	科研	办事员	总计							
11 法国	3.0	2.0	5.0	320	100 000	313	200	2 500	3 000	5 500
	1.0	3.0	4.0	290	87 000	300	216	5 500	784	6 284
	0.5	3.5	4.0	270	100 000	370	200	2 500	500	3 000
12 德国(希登塞岛)	0.2	0.9	1.1	285	80 000	281	190	750	50	800
13 德国(黑尔戈兰岛)	0.2	0.0	0.2	12	1 600	133	90	12	25	37
14 匈牙利	1.0	2.0	3.0	300	100 000	333	230	400	100	500
15 冰岛	0.1	0.5	0.6	45	14 000	311	60	767	91	858
16 意大利	2.0	2.0	4.0	300	200 000	667	330	1 000	450	1 450
17 拉脱维亚	0.0	2.0	2.0	100	375 000	350	160	300	200	500
18 立陶宛	1.0	1.0	2.0	50	85 000	1 700	145	1 400	350	1 750
19 马尔他	2.0	1.0	3.0	15	12 500	833	100	40	10	50
20 荷兰	0.2	2.2	2.4	391	170 000	435	225	12 000	525	12 525
21 挪威	1.0	1.0	2.0	425	200 000	471	275	3 000	500	3 500
22 波兰	0.8	3.2	4.0	176	80 000	455	190	2 000	600	2 600
23 葡萄牙	2.0	2.0	4.0	15	20 000	1 333	100	175	220	395
24 罗马尼亚	1.0	3.0	4.0	63	5 530	88	110	38	14	52
25 俄罗斯	6.0	4.0	10.0	200	100 000	500		350	300	650
26 斯洛文尼亚	0.0	1.0	1.0	65	66 000	1 015	140	36	34	70
27 西班牙	0.0	1.0	1.0	22	5 500	250	76	19	24	43
28 西班牙(马德里)	2.0	0.0	2.0	581	150 000	258	210	1 500	800	2 300
29 瑞典	2.5	1.0	3.5	250	300 000	1 200	240	3 000	800	3 800
30 瑞士	1.0	1.0	2.0	200	40 000	200	170	750	140	890
31 英国	7.3	2.5	9.8	2 200	800 000	364	275	12 500	1 000	13 500
平 均	1.4	1.7	3.1	268	120 734	519	169	2 776	445	3 119
总 计	45	57	102	8 563	3 863 480			86 041	13 782	99 823

通过上表，我们可以看到鸟类环志几乎覆盖了欧洲所有的国家。虽然各国在活动中的科研投入、环志数量、回收率有很大差异，取得的成效也不尽相同，但是它们在对鸟类保护上的态度、关注程度和目的是相同的。

图2.3-6
欧洲各环志点的分布及2000年之前的环志者和环志鸟数量
图片来源：欧洲鸟类环志联盟

（一）英国

虽说整个世界的环志发祥于丹麦，但发扬光大者却非英国莫属。由英国鸟类基金会（BTO –British Trust for Ornithology）负责的环志活动历经沧桑，而今也建立了一套完整的体系。

英国鸟类基金会是一个民间机构，它的经费来源由国家提供34%，环志中心提供56%，基金会自身承担10%。BTO的环志项目是与联合自然保护协会（Joint Nature Conservation Committee）共同商议的。BTO在国家的许可下颁布环志的相关规定和许可。

申请许可的第一步是与BTO联系，请求一份合格环志者的名单，然后就可以和这些拥有训练资质的人联系，商议接受培训事宜。商议完毕，递交训练申请，完成至少两年的训练。在这两年之中，申请者必须在环志人员的密切指导下完成一系列的实际操作。关键的步骤包括安全有效的捕鸟、握鸟、辨认、测量和记录数据。两年之后，一般可以获得"C"级许可（在英国申请许可并不需要考试），就具备了独立环志的资格。一年或更长时间后积累了相当的经验，就可以申请培训员的资格了。

（二）南非

南非的环志历史并不长，可追溯到1948年，以南非鸟类协会（SAOS– Southern African Ornithological Society）发行第一套环志标记为开端，用的是"INFORM ZOO PRERORIO"的地址。直到1971年，一直是SAOS负责此类工作。但经费短缺的问题使得进程迟缓，效率不高。尽管如此，SAOS仍环志了500 000只鸟并做出了卓有成效的研究，尤其是在对燕鸥的研究上成绩突出。

1972年，南非环志联盟（SAFRING–Southern African Ringing Unit）在好望角大学成立并全权接管了SAOS的工作。SAFRING由自然保护部（Nature

图2.3-7　南非环志人员在摘取网上的鸟　图片来源：南非环志联盟

Conservation Department）和南非鸟会（Bird Life South Africa）提供经费支持，由科学工业研究会（CSIR –the Council for Scientific and Industrial Research）主办和赞助。SAFRING管理南非的环志工作，并且是整个非洲地区所需鸟环和其他一些环志工具的唯一提供者。

申请人在获得环志资格的人员的指导下，通过练习和培训，获得安全抓捕、握鸟、放飞等技能。练习时间根据训练者的能力和练习的频率而定，并不是固定的，但至少要对500只、50种鸟类进行环志，并能成功地完成摘网、辨认、测量等步骤。当然，前提条件是18岁以上的公民。达到了以上要求，基本就可以通过，由各省的保护机构颁发许可证。

三、西线：北美洲–南美洲

北美地区的美国和加拿大是世界上较早开始环志的国家。

1902年，保罗在北美最先开始了系统、科学的环志，他在华盛顿为23只黑头鹭（*Ardea melanocephla*）套上了脚环，那上面是连续性的号码，还标明了年份和地址，他1904年发表的工作汇报标志着北美环志的正式开始。加拿大紧随其后，1905年詹姆斯·弗莱明在多伦多环志了一只知更鸟，这项工作还有鸟类学家泰文那的参与。之后的20年间，环志工作在北美展开。1909年，美国鸟类环志协会（American Bird Banding Association）成立，目的是组织和支援日益增多的私人环志组织。1920年，美国生物调查办公署（Bureau of Biological Survey）和加拿大野生动植物署（Canadian Wildlife Service）共同管理鸟类环志协会的事务。在此之后，又有包括墨西哥在内的一些拉丁美洲国家加入到这个北美环志协会中。

1923年北美环志项目（The North American Bird Banding Program）启动，美国和加拿大开始了全面的鸟类环志合作。

截至2001年，美国和加拿大共环志鸟类1 049 646只，回收97 204只。其中：

鸭类，环志222 006只，回收48 576只；

雁类，环志132 259只，回收39 766只；

天鹅类，环志1 063只，回收555只；

鸠鸽类，环志4 329只，回收156只；

丘鹬类，环志934只，回收94只。

北美环志人员在统计时特别将以上几类鸟的数据分列出来的原因是，这些鸟类都是有可能被人类捕猎的对象。监测这些鸟类的种群数量变化，以便对一些鸟类，如鸭雁类，制订合理的猎取量计划，对鸟类资源进行合理的利用。

在美国，环志工作开始早，环志鸟和回收鸟的数量多，环志水平高。环志标记的类型就很多样，有脚环（金属环和彩环）、彩色旗标、蹼标、颈环、鼻环、翅环、尾旗等。鸟类捕捉工具和方法比较先进：小型鸟主要使用雾网（或称粘网）和诱捕笼、啄木鸟诱笼等捕捉；水禽采用水

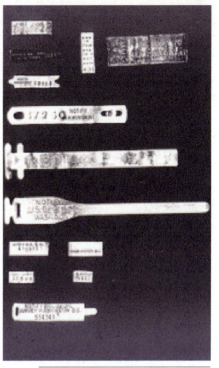

图2.3-8 美国环志史上使用过的各种金属环
图片来源：北美候鸟环志实验室

中定置诱笼捕捉；猛禽的捕捉采用诱捕法，用老鼠做诱饵，装在不同形状的铁丝网笼内，布满套扣，猛禽捕食时，就可被捕获。另一种用鸽子做诱饵，背上套有套扣的皮"背心"，猛禽捕鸽时就会被捕获。

美国鸟类环志中心隶属美国内政部和野生动物管理局，帕特克森野生动物研究中心（Patuxent Wildlife Research Centre）负责具体的环志工作。每年的环志工作都在中心的组织下进行，各州的鸟类爱好者是环志工作的主体，他们没有任何报酬，且所有费用自理（除环志环和登记卡外）。

图2.3-9
美国环志人员放飞绿头鸭（Anas platyrhynchos）
图片来源：美国候鸟环志实验室

第三章

中国鸟类环志

　　早在二千多年前吴王的宫女就曾经用红帛缚在燕子的脚上作标记，以便观察燕子第二年是否还回来。可以说，那时我国就有了环志思想的萌芽。20世纪60年代，有个别鸟类学家开始用铝制环环志雀形目小鸟，但这也仅是少数专家为了研究而进行的短期项目，没有能够坚持，更未能形成规模。1981年全国鸟类环志中心成立，才标志着中国开始有了大规模的科学的鸟类环志。

第一节
全国鸟类环志中心

一、全国鸟类环志中心成立的背景

我国地处亚洲东部，太平洋西岸，西南面距印度洋也不远，陆地面积约为960万平方千米，不仅疆域辽阔，而且地理位置优越，大部分地区位于中纬度地带，南北跨度大，从南海诸岛的赤道热带到大兴安岭北端的寒温带跨越了七大气候带（除青藏高原外），青藏高原海拔高，面积大，在气候上自成系统，从东南边缘低山的热带至高原中西部的高寒带跨越了五个气候带。气候上的多样性，在位于北半球的国家中，没有一个能和我国相比。我国地形多样，雄伟的高原、起伏的山岭、广阔的平原、低缓的丘陵，还有四周群山环抱、中间低平的大小盆地。海洋带来的季风在一年内交替进退，影响着我国的降水和各地的干旱与湿润，对我国自然地理环境的形成及地域差异起到了重要的作用，也是许多动物生态季节性现象产生的重要背景。

如此复杂和多样的自然环境，为习性各异的鸟类提供了良好的栖息地。我国有鸟类1 331种，隶属于24目，101科，429属。特殊的地理位置和自然条件，使我国成为南北跨国、跨洲迁徙候鸟的重要繁殖地、越冬地和迁徙中途停歇地。据统计，我国有候鸟565种，隶属于20目，56科，223属。

我国作为鸟类南北迁徙的重要繁殖地、越冬地和迁徙中途停歇地，本应对候鸟的迁徙有深入的了解。然而，由于历史原因，鸟类环志工作在我国一直没有能够开展起来，很多有关我国候鸟迁徙的基础数据没有积累。直到20世纪初有关我国候鸟的迁徙规律，仍然停留在根据候鸟在不同时间出现在不同地点而间接推断的方式阐述。这不仅是我国鸟类学研究中的缺憾，更影响到了整个亚洲东部地区的鸟类迁徙研究。在1961~1969年，亚洲东部国家日本、苏联等和美国共同组织的亚洲候鸟迁徙研究MAPS（Migratory Animal Pathological Survey）计划中，各种候鸟鸟种的迁徙规律均未能获得完善结果，就是因为我国没有开展环志研究，得不到回收信息所致。

1981年3月3日，我国历史上第一份保护候鸟的国际双边协定《中华人民共和国政府和日本国政府保护候鸟及其栖息环境协定》签订。协定第一条第一款即明确指出："本协定中所指的候鸟是：根据环志或其他标志的回收，证明确实迁徙于两国的迁徙鸟类。"由此，我国开始考虑建立专门的鸟类环志机构，正式开展鸟类环志工作。

二、全国鸟类环志中心成立概况

1981年6月，林业部多次召集科技工作者商谈关于在全国范围内开展鸟类环志工作的问题。并责成有关人员尽快调研策划，提出在全国开展并建立鸟类环志研究机构、网络和具体实施方法和设施设计制造的方案，同时决定在中国林业科学研究院筹建承担全国鸟类环志科研及科研管理工作的机构。

1981年9月，国务院批转了林业部等8个部委《关于加强鸟类保护执行中日候鸟保护协定的请示的通知》。为了执行中日候鸟保护协定，1981年11月国务院批准在林业部设立了"全国鸟类环志办公室"负责我国鸟类环志的行政和组织协调工作，并决定在全国范围内有计划、有步骤地开展鸟类环志工作。

1982年10月，"全国鸟类环志中心"在中国林业科学研究院林业研究所成立。环志中心在行政上归中国林业科学研究院林业研究所领导，业务上归林业部"全国鸟类环志办公室"领导。初步确定了中国鸟类环志工作以林业部为主管机

图3.1-1　中国林业科学研究院　摄影：肖雯

图3.1-2
全国鸟类环志中心办公楼
图片来源：全国鸟类环志中心

构的管理体系。自1982年6月开始筹建后，全国鸟类环志中心先后设计并撰写了：《中国鸟类环志站点设置原则》《中国鸟类环志用环设计》《中国环志用表、卡设计》的设计书。

1982年12月21~25日，环志中心召开了我国历史上第一次全国性"鸟类保护和环志工作座谈会"，会议确定了中国候鸟环志研究工作的组织原则计划和步骤，以及使用鸟类环志用环、表、卡的设计书。

1983年7月，环志中心在青海湖自然保护区组织了首次鸟类环志试验，开创了我国有组织有计划地环志鸟类的先河。

1986年环志中心500 m² 实验楼经过审批，破土动工，1988年建成，使我国鸟类环志研究有了工作基地。

三、全国鸟类环志中心的性质与职责

根据2002年2月国家林业局正式公布的《鸟类环志管理办法（试行）》规定：

全国鸟类环志中心是全国鸟类环志的技术管理机构，负责组织和指导全国鸟类环志活动。

全国鸟类环志中心的职责是：

（一）负责编制全国鸟类环志规划和技术规程，并组织实施、指导和协调鸟类环志活动。

（二）监制和发放环志工具、标记物。

（三）收集和管理全国鸟类环志信息。

（四）制订全国鸟类环志培训计划，组织培训鸟类环志人员。

（五）开展国际合作与信息交流。

（六）承担国家林业局委托的其他工作。

四、全国鸟类环志中心的主要成员

先后在全国鸟类环志中心工作过的人员有张孚允、杨若丽、楚国忠、金家林、陆军、陈明珊、钱法文、侯韵秋、李重和、苏化龙、邓杰、张旭、戴铭、江红星、张国钢、刘冬平。

1982年至今（2010年），全国鸟类环志中心共经历了4任主任：

（一）第一任主任，张孚允（任期1982~1994）

图3.1-3
全国鸟类环志中心首任主任张孚允
摄影：刘晓波

张孚允主任是中国鸟类环志事业的开拓者和奠基人。全国鸟类环志中心开始筹备的时候，在仅有2人（张孚允及其夫人杨若丽）的情况下开始整理国内外有关鸟类生态区系、候鸟迁徙和环志的文献信息，以及有关国家鸟类环志用环规格的型号、适用鸟种，环志记录适用的各种表、卡以及环志钳等专用工具的技术数据。通过文献、资料的分析，借鉴日本等相关国家的经验，结合我国的实际情况，做了如下工作：

1. 确定了中国鸟类环志用鸟环（金属脚环）的型号、规格、标准和适用鸟种；

2. 设计了各类环志用表、卡（鸟类环志日志、鸟类环志登记卡、鸟类环志回收通知卡、鸟类环志地观察日志、鸟类环志环使（领）用登记表）；

3. 提出了鸟类环志站点的设置原则和环志鸟种的选择；

4. 制定了鸟类环志工作开展、环志和回收记录填写和报告的基本程序。

图3.1-4 《中国鸟类环志年鉴》

这些工作为我国有目的、有规划、有规范地开展鸟类环志工作奠定了基础。

在职期间张孚允主任除了不断推进环志站点建设外，还着手进行与日本、美国等有关国家和地区的环志合作项目，组织人员参加国际会议，增加全国鸟类环志者与国际间的交往，提高环志者理论水平。还针对一些鸟类类群开展专题研究，如中国东部沿海猛禽迁徙规律的专题研究。并对中国鸟类环志工作进行总结和梳理，除发表论文外，1987年他还组织编写了第一本《中国鸟类环志年鉴》。

（二）第二任主任，李重和（任期1994~1995）

李重和主任任职时间不长，但在全国鸟类环志中心工作的时间却不短，参加中国东部沿海猛禽迁徙规律的环志研究工作多年，并将自己气象学的学科背景很好地与研究工作结合，先后发表了《中国东部沿海地区猛禽迁徙与天气、气候的关系研究》《中国东部沿海地区春季猛禽迁徙规律与气象关系的研究》等跨学科特色的研究论文。

图3.1-5
全国鸟类环志中心第二任主任李重和
（右二）赴日与鸟类环志专家交流
摄影：苏化龙

（三）第三任主任，楚国忠（任期1995~2008）

楚国忠主任任职期间的主要工作有：

1. 对我国鸟类环志工作的进一步规范化做了有力的推动：在湖南屏风、云南南涧、辽宁丹东等地先后举办鸟类环志培训和交流；1998年组织编写《鸟类环志培训手册（试用本）》，2002年修订并增加彩色旗标内容编辑成《鸟类环志员手册（试用本）》，用于鸟类环志人员的

图3.1-6
全国鸟类环志中心第三任主任楚国忠
图片来源：山东长岛环志站

图3.1-7　鸟类环志管理系统

图3.1-8　环志数据录入界面

培训工作；2007年开始推行实施《鸟类环志合格证》（简称《鸟类环志证》）制度；规划建立单机版的"鸟类环志管理系统"，将各站点提交的环志报告录入该系统，对全国鸟类环志数据进行集中统一管理。

2. 积极开展国际交流与合作：多次组织中国与日本、澳大利亚等国的技术交流，参加国际研讨会和磋商会；开展的主要合作有中日黑嘴鸥环志合作，中澳迁徙鹬类和燕鸥类的环志合作；积极支持澳大利亚关于在东亚-澳洲迁徙路线执行彩色旗标协议的倡议，推动了我国迁徙水鸟的彩色旗标环志工作。

3. 尝试使用鸟类环志新技术：在少量涉禽和游禽的研究工作中，使用无线电遥测和卫星追踪等新兴标记追踪技术。

（四）第四任主任，陆军（任期2008~今）

陆军主任上任以来，继续推进全国鸟类环志中心的主体工作，还提出了一些新的建设思想：

1. 力推中国鸟类环志工作的信息化，利用网络信息化手段提高环志数据提交

图3.1-9　全国鸟类环志中心第四任主任陆军参加"2009年全国海滨鸟类环志研讨班"开幕式　摄影：赵欣如

和利用效率、便捷环志信息查询和国际交流，一个功能强大、基于网络的数据库交互平台正在生成；

2. 坚持每年举办全国鸟类环志工作总结会（2009年河北北戴河，2010年云南昆明），总结交流上一年度成果、部署下一年度工作和开展技术交流，并将在今后每年的总结会上设定一个主题展开讨论；

3. 强调各环志站点在不断提高环志鸟数量的同时，需注重环志获取信息的质量；

4. 尝试在全国部分站、点中以固定网场、固定布网位置和布网面积的方式严密监测鸟类种群数量的变动；

5. 在近年有关工作的基础上，与国家疾病防控中心等相关部门积极合作，对候鸟的迁徙动态和数量变化进行监测，还将利用研制的试剂及时测定捕获鸟的健康状况和疫源疫病携带状况。

第二节
中国鸟类环志站、点

一、中国鸟类环志站、点设置原则

根据在中国开展鸟类环志研究的基础条件，制定了中国鸟类环志网络建立的下列原则：

（一）环志工作站、点应根据各地实际条件，条件好的先上，逐年逐步铺开。站、点设置应持慎重态度，逐步形成全国性鸟类环志网。

（二）站、点布局，近3~5年重点置于东部沿海，兼顾内地（着重在内地条件具备的已建鸟类保护区设置站、点），逐步以点及面扩大到其他鸟类迁徙路线上或集中区的一些自然保护区，既适应国际合作的需要又照顾今后鸟类环志工作的发展。

（三）站、点所在地必须是候鸟集中繁殖区、越冬地或迁徙中间休息地，除能保证有足够的鸟类环志对象和具备熟练捕鸟人员外，更重要的是必须配备或聘请鸟类学家或能熟练和正确鉴定鸟种的专业人员主持或参加站、点的鸟类环志工作。否则一次错误鉴定鸟种而带环放飞，将给以后几年甚至几十年鸟类环志工作造成混乱。

二、中国环志站、点概况

在环志站、点的不断建立和建设过程中，逐步形成了我国鸟类环志的布局和分工特色。环渤海湾地区的辽宁大连老铁山、山东省青岛崂山和山东省长岛，成为我国猛禽的主要环志地区；东北地区的黑龙江省尚志市帽儿山和黑龙江省嫩江、兴隆等地，以雀形目鸟类为主；辽宁丹东、上海崇明东滩，以涉禽、游禽等水鸟为主；云南省巍山、湖南屏风界等地重点开展夜间鸟类环志。

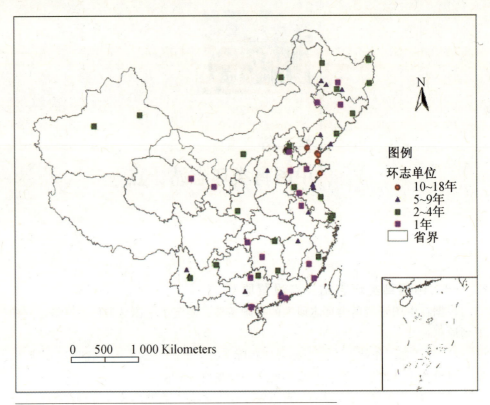

图3.2-1　中国鸟类环志站、点（2003年）分布图　图片来源：全国鸟类环志中心

　　然而，受到众多因素的影响，我国的鸟类环志站、点多集中在东部地区，中部较少，西部最少。

三、环志站、点巡览

（一）山东省长岛鸟类保护环志站

　　长岛位于我国大陆东部的辽东半岛与胶东半岛之间的渤海黄海交汇处，32座岛屿南北纵贯，星罗棋布在渤海海峡上。受独特的地理环境决定，这里是东北亚、东亚等地区候鸟迁徙的"驿站"，更为重要的是迁徙过境的猛禽种类多、数量大。

　　长岛是中国最重要的猛禽环志站之一，于1984年建立，连同青岛及大连老铁山形成环渤海湾的猛禽环志网络，以连续保持猛禽环志数量全国第一而著称。在此，同时进行了部分猛禽迁徙生态学研究，是我国开展东部猛禽迁徙规律研究的重要基地。长岛鸟类保护环志站已被纳入东亚、东南亚和北太平洋地区自然环境保护网络，成为国际候鸟科研基地之一。1985年正式开展鸟类环志工作至2009年，已累计放飞各类候鸟124种、26万余只，其中放飞各类大型猛禽7万余只，占我国

图3.2-2
山东省长岛鸟类保护环志站第一任站
长范强东（左二）
图片来源：全国鸟类环志中心

图3.2-3
山东省长岛鸟类保护环志站现任站长
钟海波（左二）和工作人员
摄影：舒晓南

猛禽环志总量的80%以上。同时，环志站回收国内环志鸟200多只，回收国外环志鸟10余只。

（二）东北林业大学帽儿山鸟类环志点

东北林业大学帽儿山实验林场位于东北地区的东部，是鸟类繁殖和迁徙途中停歇的适宜地点，由于纬度较高，夏季日照时间长，夏候鸟多于留鸟、旅鸟、冬候鸟之和。秋季肉质果（黄檗、山荆子、鸡树条荚蒾、稠李、鼠李等）成熟时，为迁徙过境鸟和越冬鸟提供了丰富的食物，因此秋季迁徙鸟很多，是研究鸟类迁徙的适宜地点。

帽儿山环志点有一位老人，他就是东北林业大学常家传老教授。1995年秋，他为完成《食果实鸟类对树木种群扩散作用的研究》课题来到帽儿山实验林场老爷岭森林生态实验站开展了候鸟调查。此后多年，他一直带着老伴在林场坚持环志，虽然年过七旬，但仍然活跃在环志的第一线，是帽儿山环志点的主力。在迁徙季节，东北林业大学的一些学生也会到环志点参加鸟类环志工作，同时进行学习和调查研究。帽儿山环志点近几年的年均环志量约2万只，最多时曾达到4万只。

（三）黑龙江嫩江县高峰林场环志站

高峰林场地处大、小兴安岭之间的嫩江河谷东岸，松嫩平原北沿。境内植被以樟子松、云杉等人工林为主，间有少许柳、刺玫瑰、平榛等，成片的针叶林与四周农田相辉映，形成"绿色岛屿"，是候鸟经松嫩平原迁徙途中

图3.2-4 常家传教授在环志点布网 摄影：白晓光

图3.2-5 东北林业大学帽儿山环志点内面貌 摄影：白晓光

图3.2-6
黑龙江省嫩江县高峰林场环志站自然环境
图片来源：全国鸟类环志中心

图3.2-7
黑龙江省嫩江县高峰林场环志站工作照
图片来源：全国鸟类环志中心

重要的停歇地和食物补给站。

　　高峰林场1998年春季开始开展鸟类环志工作，2001年开始开展系统的鸟类环志监测工作，由鸟类学者不定期环志向环志员职业环志跨越，成为鸟类环志站；年环志量由几千只猛增到数万只，成为全国鸟类环志数量较多的环志站、点之一。截至2007年11月，高峰环志站共在本区发现鸟类216种，环志166种211 549只。高峰鸟类环志站环志的鸟类以雀形目为主，占环志总数的99.9%，其中种类最多的是白腰朱顶雀（*Carduelis flammea*）。2003年2月10日挪威回收到高峰鸟类环志站于2001年10月24日环志的白腰朱顶雀，是100年来欧洲国家首次回收的中国环志鸟。2003年5月22日俄罗斯回收到高峰林场于5月12日放飞的角鸮。

（四）黑龙江省兴隆林业局青峰鸟类保护环志站

　　青峰林场位于东北小兴安岭南麓，南邻松花江；北接广袤的小兴安岭森林；西接松嫩平原的边缘地带；东为延伸的松花江河谷森林地带，典型的针阔混交林，平均海拔320米，丰富的森林资源为迁徙鸟的栖息、繁殖、越冬提供了优越的条件。得天独厚的地理位置，使得青峰林场成为春秋季节北方多种鸟类南北迁徙的主要通道，大群迁徙路过此地的鸟类有：黄眉柳莺（*Phylloscopus inornatus*）、煤山雀（*Parus ater*）、燕雀（*Fringilla montifringilla*）、白腰朱顶雀（*Carduelis flammea*）、北朱雀（*Carpodacus roseus*）、灰头鹀（*Emberiza spodocephala*）、田鹀（*Emberiza rustica*）、黄喉鹀（*Emberiza elegans*）和斑鸫（*Turdus naumanni*）等，其中朱顶雀、灰头鹀、田鹀和斑鸫常见有逾千只的大群。

图3.2-8
黑龙江省兴隆林业局青峰鸟类保护环志站
摄影：白晓光

青峰鸟类保护环志站2001年秋季建立，是环志站、点中的后起之秀，年环志量多年居全国首位。环志站工作人员相对充足、年轻，管理严格，操作规范，业务素质较高。2005年还开发建立了青

表 3.2-1　青峰鸟类保护环志站回收异地环志的鸟类信息

环型环号	中文名称	环志地点	环志日期	回收地点	回收日期	回收性别
B05－4964	田鹀	山东省长岛县大黑山岛	2001.10.24	青峰	2002.04.16	
B26－0828	灰头鹀	山东省长岛县大黑山岛	2002.10.09	青峰	2002.10.09	
C14－9106	北朱雀	黑龙江省尚志县帽儿山老爷岭	2001.10.29	青峰	2003.03.31	M
B27－7120	北朱雀	黑龙江省尚志县帽儿山 3 号	2003.03.21	青峰	2003.03.31	M
A17－0596	白腰朱顶雀	黑龙江省尚志县帽儿山 3 号	2003.03.29	青峰	2003.04.03	F
B05－4964	田鹀	山东省长岛县大黑山岛		青峰	2003.04.16	
B26－0828	灰头鹀	山东省长岛县大黑山岛	2002.10.09	青峰	2003.05.19	U
B28－9893	棕眉山岩鹨	嫩江高峰环志站	2003.09.28		2003.10.14	
A16－9190	白腰朱顶雀	黑龙江省尚志县帽儿山老爷岭	2003.03.18	青峰	2003.11.05	M
B24－0224	棕眉山岩鹨	黑龙江省尚志县帽儿山老爷岭	2002.04.03	青峰	2003.10.17	U
AIMATV－66370	燕雀	哈萨克斯坦	2001.10.18		2004.09.26	M
B39－9533	黄喉鹀	黑龙江省尚志县帽儿山老爷岭	2004.04.10	青峰	2004.04.19	F
B63－4033	长尾雀	吉林省吉林市环志站			2005.04.04	F
B29－0705	田鹀	山东省青岛市李村镇枣儿山	2002.11.09	青峰	2005.04.04	
B70－1222	田鹀	黑龙江省尚志县帽儿山老爷岭	2005.04.01	青峰	2005.10.06	M

续表

环型环号	中文名称	环志地点	环志日期	回收地点	回收日期	回收性别
C08－3243	北朱雀	黑龙江省尚志县帽儿山老爷岭	2002.10.20	青峰	2006.10.20	M
B84－4331	黄喉鹀	黑龙江省尚志县帽儿山老爷岭	2006.08	青峰	2007.04.05	M
B63－3766	田鹀	吉林省吉林市环志站	2004.10.27	青峰	2007.04.18	M
C19－8063	北朱雀	黑龙江省尚志县帽儿山老爷岭	2005.10.24	青峰	2007.10.20	M
B69－8734	红胁蓝尾鸲	黑龙江省尚志县帽儿山老爷岭	2006.04.12	青峰	2007.09.30	M
A27－8892	长尾雀	黑龙江省尚志县帽儿山老爷岭	2006.10.14	青峰	2007.10.09	M
B98－7543	棕眉山岩鹨	黑龙江省尚志县帽儿山老爷岭		青峰	2008.03.28	

峰鸟类保护环志站网页（http://www.qfbirds.com），宣传鸟类环志和鸟类保护。自2001年秋季到2009年秋季，共计环志鸟类159种，492 382只。

（五）河北省秦皇岛鸟类保护环志站

秦皇岛面临渤海，背靠燕山，属辽西走廊地带，是东亚候鸟迁徙的要道。沿海有6 600多公顷防护林，植被繁茂，灌木丛生，林内溪流纵横，湿地棋布，草甸苇塘到处可见，是鸟类栖息生活的良好环境，沿海滩涂又是海鸟聚集之地。

1990年秦皇岛鸟类保护环志站建立。环志站位于海滨林场内，林场内的环志以林鸟为主。此外，利用秦皇岛栖息地多样和鸟类生态类群多样的资源特点，环志站还积极开展了猛禽、涉禽环志的探索工作，并在研究鹤类的迁徙规律方面做了突出的工作。

秦皇岛鸟类保护环志站在鸟类环志的普及工作方面做出了突出的贡献。在全

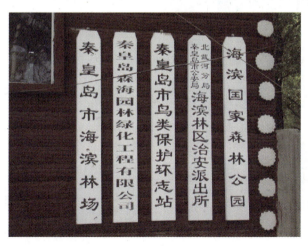

图3.2－9
河北省秦皇岛鸟类保护环志站
摄影：蔡益

图3.2-10
2003年10月河北省秦皇岛鸟类保护环志站站长杨金光（二排右起四）、前任站长乔振忠（二排右起六）、北京师范大学鸟类环志专家赵欣如（二排右起五）与环志志愿者的合影
摄影：金俊

国鸟类环志中心的支持和北京师范大学的积极推动下，秦皇岛鸟类保护环志站成为北京师范大学鸟类环志实习基地。从1999年开始与北京师范大学合作接收来自北京高校和社会各界的环志志愿者在此进行环志现场培训，培训由北京师范大学鸟类环志专家赵欣如做专业指导，现场操作由环志站站长、工作人员配合赵欣如老师共同完成。目前，已有200多名志愿者在此接受过专业的环志操作培训。

（六）上海市崇明东滩鸟类自然保护区

崇明东滩位于上海市崇明岛东端，是东亚-澳大利亚候鸟迁徙路线上重要的驿站。由长江夹带的上中游泥沙在入海口淤积而成，具有广阔的滩涂，属于典型的河口潮间带泥滩湿地。原有的潮间带滩涂经过围垦后作为鱼蟹养殖塘，形成人工半咸水湿地。由于具有适合的食物和隐蔽地，不仅每年春秋季节有大量的迁徙候鸟在这里停留，而且也是水禽理想的越冬地。

图3.2-11
上海崇明东滩环志工作现场
摄影：章克家

崇明东滩是我国涉禽环志的特色站、点。早在1984年崇明东滩鸟类自然保护区就开始了环志工作，重点研究鸻鹬类的迁徙。2002年以来，根据《东亚–澳洲迁徙路线上迁徙海滨鸟彩色旗标协议书》的要求，结合环志开展了迁徙涉禽的彩色旗标环志标记，是我国开展彩色旗标标记工作较为成熟的站、点。截至2008年年底，崇明东滩鸟类自然保护区共完成45种近3万只水鸟的环志和彩色旗标标记工作，回收或观察到环志鸟类15种239只。崇明东滩的环志工作引起了澳大利亚、新西兰、俄罗斯、美国等涉禽研究组织的广泛关注，并且受到好评。

（七）云南省巍山鸟类保护环志站

鸟道雄关位于云南省巍山彝族回族自治县庙街镇隆庆关口，海拔2 580米，周边植被以华山松林为主。每年8月中下旬至11月下旬，大量候鸟由东北方向经过此地向西南迁飞，形成当地特有的"鸟吊山"现象。

图3.2-12　云南省巍山鸟类保护环志站
图片来源：全国鸟类环志中心

云南大学王紫江教授等人1985年秋在此开展了鸟类环志工作。为保护过境的候鸟及本地的留鸟资源，巍山县林业局在国家林业局全国鸟类环志中心和云南大学王紫江教授等人的协助下，1995年在离鸟道雄关约2千米的沙塘哨国有林场建立了正式的鸟类环志站，从此开始正式的鸟类环志工作。春季由于受气候因素的影响，候鸟由西南向东北迁徙经过此地时飞行高度较高不易观察和捕捉，故巍山鸟道雄关鸟类环志工作集中在秋冬季进行。经过鸟道雄关的迁徙鸟类多为夜间迁徙习性，故捕鸟工作在夜间进行。捕鸟采取灯光诱捕法。巍山环志站是我国开展夜间鸟类环志研究的重要基地之一，夜间鸟类环志也是我国环志工作的一大特色，曾多次就夜间环志工作与国际交流。

图3.2-13　夜间鸟类环志
图片来源：全国鸟类环志中心

（八）北京门头沟小龙门环志点

小龙门林场位于北京市门头沟区东灵山南侧，海拔1 000~1 400米，植被除人工次生针叶林外，多为天然次生落叶阔叶林和灌草丛，区内沟谷多，地形复杂，食物资源丰富，人类活动少，环境稳定，是鸟类理想的栖息地。

小龙门环志点自1984年成立以来，每年定期开展夏季森林鸟类环志工作，该环志点由北京师范大学组建并主持日常工作，主要通过大学的动物学野外实习开展鸟类环志的教学和技术培训。年环志量仅数百只，但教学的示范性、技术的规范性较强。直接接受技术培训的大学生超过800人，还有更多的学生在实习期受到环志的教育熏陶。该环志点是我国依靠大学建立并坚持开展鸟类环志与研究的成功典范，在郑光美、赵欣如、张正旺、张雁云、宋杰、郭冬生等一批专业人员的直接指导下由

图3.2-14　2001年北京师范大学本科生实习在小龙门回收到一只4年以上的日本松雀鹰（*Accipiter gularis*）　摄影：聂兵

大学生开展环志的学习与实践，对我国环志工作的普及作出贡献。小龙门环志点是我国环志站、点中开展环志最早，坚持时间最长，无一年中断的少有站、点之一。该环志点环志鸟40种，积累了大量数据信息，回收鸟（不包括当年环志当年回收的个体）超过100只（次）。重要的回收记录有：原繁殖地回收了4年以上的日本松雀鹰（*Accipiter gularis*）、3年以上的寿带（*Terpsiphone paradisi*）、7年以上的冕柳莺（*Phylloscopus coronatus*）等。

第三节
中国鸟类环志发展概况

一、环志与回收

1983年6月，全国鸟类环志中心首次在青海省青海湖鸟岛自然保护区对斑头雁（*Anser indicus*）和渔鸥（*Larus ichthyaetus*）进行环志放飞试验。

经过20多年的努力，全国鸟类环志工作已取得长足进步，尤其是近几年，环志鸟的种类和数量有了明显增加，由初期的每年环志5 000~6 000只，发展到2000年6万余只、2001年14万只，2002年26万只，跃居成为亚洲年环志鸟类数量最多的国家。2008年全国鸟类环志中心累计环志鸟类700余种229.4万余只。自2002年以来环志数量连续7年位居亚洲第一。

1983~2008年已经确认的回收记录有140种1 124只，2001年以来共获取彩色标记观察记录26种1 690余只（次）。

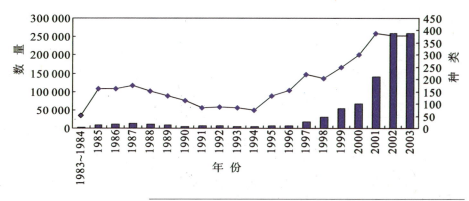

图3.3-1　1983~2003年历年环志鸟类种类与数量 图片来源：全国鸟类环志中心

二、环志站、点

我国鸟类环志工作开展初期，许多大专院校、科研单位、林业厅（局）的环志热情十分高涨，迫切希望能利用国际上早已普遍采用的环志手段开展工作，至2003年全国先后有68个单位开展过鸟类环志工作。但是由于种种原因，主要是经费上的原因，有些环志站、点没有能够坚持开展鸟类环志工作，尤其是1989年以后，开展工作的环志站、点陆续减少，有几年维持在4~5个站、点坚持环志工作。随着国家和公众对鸟类保护重视程度的提高，能够连年坚持环志的站、点数量在2000年后又开始上升，2004年开展环志的单位达到了31家。山东省长岛鸟类保护环志站、山东省青岛鸟类保护环志站和北京门头沟小龙门环志点（北京师范大学建）是首批建立的环志站、点，也是一直坚持环志工作至今的环志站、点。

表 3.3-1　2004 年鸟类环志单位与鸟类环志数量统计（全国鸟类环志中心　侯韵秋）

序号	环 志 单 位	种类	环志数量	备 注
1	黑龙江省兴隆林业局青峰鸟类保护环志站	141	64 424	
2	黑龙江省嫩江县高峰鸟类保护环志站	98	22 184	
3	东北林业大学帽儿山鸟类环志点	121	30 572	
4	黑龙江省洪河国家级自然保护区	80	3 499	
5	黑龙江省三江国家级自然保护区	108	7 597	
6	黑龙江省林甸湿地与野生动物保护站*		1 113	
7	黑龙江省双城市*	5	100	鸟类环志志愿者
8	黑龙江省逊克县沾河林业局*	16	63	
9	内蒙古区乌尔旗汉林业局	78	12 875	
10	吉林省吉林市鸟类环志保护站		19 000	
11	吉林省珲春	81	13 859	
12	辽宁省鸟类研究中心		13 860	
13	辽宁蛇岛老铁山国家级自然保护区	34	1 124	
14	辽宁省双台河口国家级自然保护区	1	266	彩色旗标
15	辽宁省鸭绿江口国家级自然保护区®	5	56	彩色旗标
16	河北省秦皇岛鸟类保护环志站	146	23 700	
17	河北省沧州师范专科学校		853	
18	山东省青岛鸟类保护环志站	90	5 849	
19	山东省长岛鸟类保护环志站	90	20 468	猛禽 17 种 2 160

序号	环 志 单 位	种类	环志数量	备 注
20	山东省黄河三角洲国家级自然保护区®	1	98	
21	上海市崇明东滩鸟类自然保护区	38	2 278	彩色旗标，部分检测
22	陕西省榆林市神木县红碱淖®	1	810	与内蒙鄂尔多斯的遗鸥为同一种群
23	陕西省洋县朱鹮自然保护区®	1	106	
24	江西省遂川县营盘圩®		1 730	夜间环志
25	江西省九江市野生动植物保护站	4	37	雁鸭类
26	云南省巍山鸟类保护环志站	105	4 918	夜间环志
27	云南省南涧鸟类保护环志站	151	5 384	夜间环志
28	云南省昆明鸟类协会	5	847	部分监测
29	云南省哀劳山保护区镇源管理站*	32	198	夜间环志
30	云南省哀劳山保护区新平管理站*	26	129	夜间环志
31	安徽省庆安市林业局®	5	60	检测
	合计		258 057	

"＊"为新增环志站、点

"®"以环志中心环志为主

三、环志管理

为保证环志和环志管理的科学性和规范性，全国鸟类环志中心做了大量的工作：

1983年全国鸟类环志中心完成了我国鸟类环志用鸟环的设计，确定了鸟环的型号、规格、标准和适用鸟种，提出鸟类环志站点的设置原则、鸟类环志工作开展、环志和回收记录填写和报告的基本程序。

1998年全国鸟类环志中心组织编写《鸟类环志培训手册（试用本）》。

2001年全国鸟类环志中心完成了《鸟类环志管理办法》和《鸟类环志技术规程》以及全国鸟类环志规划等一系列与鸟类环志工作有关的规章制度和技术文件的起草和修改工作。

2002年国家林业局公布了《鸟类环志管理办法（试行）》和《鸟类环志技术规程（试行）》。

四、专项研究和国际合作

鸟类环志工作开展20多年间，我国环志鸟的数量不断增长，为鸟类学研究积累了丰富的数据。此间，全国鸟类环志中心还组织开展了很多专项研究。部分项目如下：

1987年，中国东部沿海猛禽迁徙规律研究；

2004年，野生水鸟禽流感病毒生态学研究；

2006年，青海湖禽流感疫源地重要候鸟的迁徙动态与预警机制研究。

鸟类的迁徙不分国界，鸟类环志是一项需要充分开展国际合作的工作，中国从开始环志工作之初就注意积极参与到国际合作中。部分合作如下：

1985年10月，中日首次环志合作在青岛进行；

1996~1998年，中日合作在辽宁双台河口国家级自然保护区环志黑嘴鸥（*Larus saundersi*）；

1996年，中国与澳大利亚合作在上海崇明东滩共同环志鸻鹬类鸟类并回收到来自澳大利亚不同地区带有彩色腿标的鸟类；

1996~1997年，中韩合作环志丹顶鹤（*Grus japonensis*）及黄嘴白鹭（*Egretta eulophotes*）；

1997年，中日合作在云南巍山开展夜间鸟类环志研究；

1999年，中日朱鹮（*Nipponia nippon*）保护合作项目；

2003年，与国际鹤类基金会合作实施白鹤（*Grus leucogeranus*）GEF项目。

第四章

鸟类环志志愿者

　　据统计，鸭雁类的环志回收率约为25%，雀形目鸟类的环志回收率仅为1‰左右。鸟类环志作用的发挥，在很大程度上依赖于回收信息的获得，因此大量环志鸟类是环志工作的关键。大量的环志需要投入大量的人力和物力。即使在很早就开始环志的国家，专业人员也是很有限的，经常需要大批的志愿者参加环志活动。以日本为例，其鸟类环志研究在组织上基本是"民办公助，以民为主"。政府的职能是"保证和指导"。其标识室在全国各地的环志、观察、回收等活动，主要依靠民间团体或业余鸟类爱好者。一些志愿者常年业余进行鸟类环志，年环志数量高者可在6 000只以上。这些业余人员获得的资料支持着专业研究。在美国、加拿大，每年都有大量志愿者帮助专业人员来做工作，这些掌握环志技术的志愿者需要到所在国家的资质认证单位去考取资质证书，有了它，他们就可以去指定地点参加环志工作。这个证书不仅是荣誉，更是一个技术的认定。

　　由于国力、教育、国民素质、科学普及、政府重视程度等方面的因素，我国以往鲜有业余观鸟爱好者，环志志愿者更为缺少。近几年，由民间环保人士积极倡导的野外观鸟活动在北京兴起，在全国多个地方开始发展，并产生了一定的影响。这使越来越多的人开始关注环境质量并对鸟类知识有了初步的了解，也使更多的业余爱好者参与鸟类环志工作成为可能。

第一节
环志资格的取得

志愿者参加环志工作，在各个国家都有严格的要求和审批制度。

在美国要取得环志资格，需要具备一定的鸟类学基础知识、捕捉和环志鸟类以及记录环志信息的能力。年满18周岁的公民，若具备这些条件就可以向环志中心提交环志许可申请，但同时需要有三位担保人，这三位人员可以是当前从事环志的环志人员，也可以是知名的鸟类学家。经过环志中心审核批准后发放证书，就可以参加环志。

日本鸟类环志资格的取得，必须经山阶鸟类研究所标识室培训认可合格后，由国家环境厅颁发许可证。培训非常严格，有网场选择、布网和收网方法、鸟种识别、性别和年龄鉴定等内容，学习时间为期1周。

在我国，2002年国家林业局公布了《鸟类环志管理办法（试行）》，管理办法明确规定"从事鸟类环志活动的人员，必须持有全国鸟类环志中心颁发的鸟类环志合格证书。鸟类环志合格证书由全国鸟类环志中心统一印制"。

为了推动全国鸟类环志事业的发展，全国鸟类环志中心从2007年冬季开始实施《鸟类环志合格证》（简称《鸟类环志证》）制度，并制定了《鸟类环志证》（包括《鸟类环志实习证》）的颁发办法。

《鸟类环志证发放管理办法（暂行）》规定："《鸟类环志证》是合法从事鸟类环志活动的有效证件。""《鸟类环志实习证》是合法参加鸟类环志活动的有效证件，必须在持有《鸟类环志证》人员的指导和监督下进行环志活动。""《鸟类环志证》有效期五年。"有关申请环志证和持证人员职责的规定如下：

（一）有关《鸟类环志证》申请的规定

申办《鸟类环志证》条件：

1. 年满18周岁以上的成年人；

2. 至少连续参加环志工作两年，或由2名知名的鸟类学工作者提供书面推荐，证明其具有足够的鸟类识别、鸟网操作经验及准确记录方面的能力；

3. 经过专门培训，熟悉并遵守"中华人中共和国鸟类环志管理（暂行）办法"和"鸟类环志技术规程（试行）"，考试合格后发给《鸟类环志证》。

《鸟类环志证》的申办：

1.《鸟类环志证》考试每年进行。分理论考试和实践考核两部分。实践考核在野外进行，由实习所在的环志站提出考核意见。

2. 理论考试在室内，在自学的基础上集中辅导。由实习所在的环志站提出每年参加理论考试的人员名单，再由全国鸟类环志中心统一安排集中培训和考试的时间和地点。

（二）有关《鸟类环志实习证》的规定

申办《鸟类环志实习证》的条件：

凡热爱鸟类，愿意参加鸟类环志活动，愿意遵守"中华人中共和国鸟类环志管理（暂行）办法"和"鸟类环志技术规程（试行）"的规定，年满18周岁的中国公民，都可以申请《鸟类环志实习证》。

《鸟类环志实习证》的申办：

1. 任何热爱鸟类，热爱鸟类环志活动，愿意为候鸟迁徙研究贡献力量，踏实认真，实事求是的中国公民，都可以向全国鸟类环志中心提交申请，办理《鸟类环志实习证》。

2. 各级野生动物主管部门，鸟类环志站，野生动物救护中心（站）、疫病监测站等单位可向全国鸟类环志中心推荐，集中办理《鸟类环志实习证》。

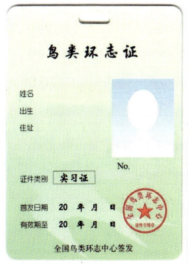
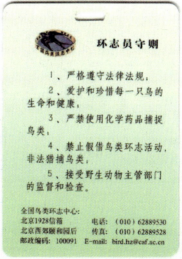

图4.1-1　鸟类环志实习证

3. 获得《鸟类环志实习证》的人员由全国鸟类环志中心统一提供教材，安排培训和实习。

（三）持有环志证人员的职责

1. 持有环志证的人员可以利用常规网具在申请地区环志。环志活动是个人研究工作的部分内容，按许可证号码在全国鸟类环志中心注册建立档案，以单位或个人名义购买环志工具和鸟环，并于每年6月和11月向全国鸟类环志中心提交环志记录和回收报告。

2. 持有环志合格证的专业环志人员（即林业系统鸟类环志站的专业人员），可以环志本地区内除国家重点保护物种以外的各种鸟类。环志站在全国鸟类环志中心注册建立档案。以负责人的名义领取鸟环和环志用品，每年6月和11月向全国鸟类环志中心提交环志记录和回收报告。年度或阶段性环志结束后应及时提交环志总结、下一年度（下一阶段）的环志计划，报告剩余鸟环，以便统配使用。

3. 持有环志合格证的人员有培养和推荐环志人员、制止和举报非法和不符合要求的环志行为的义务。

4. 环志特别许可种类的人员应在指定时间、地区范围内进行环志活动。以环志站或个人名义领取鸟环和环志用品，及时、准确地以书面形式向全国鸟类环志中心报告环志结果和环志记录、回收资料等。

第二节
中国鸟类环志志愿者的培训

　　环志是一项需要广泛群众基础的科学活动，需要广大群众和鸟类爱好者的关注和参与。只有公众对鸟类环志工作具有一定的认识，民间发现的环志信息才能汇总到环志机构。然而中国鸟类环志尚缺乏面向社会开展的宣传和教育，有关鸟类环志的知识和常识没有普及，使得社会缺少对环志的认识，环志也就没有广泛的社会基础。观鸟者、鸟类爱好者应该是最大的参与鸟类环志的潜在群体，由于鸟类环志普及教育的缺乏，我国的观鸟者、鸟类爱好者们多不了解环志，也缺乏环志的知识和技能，因而无法参与环志。

　　鸟类环志志愿者的培训将为对环志有兴趣的人们提供最直接的帮助和指导。中国的鸟类环志志愿者培育工作也在做积极的探索与尝试。

　　早在1999年，北京师范大学鸟类学家赵欣如等就已经带领一批又一批志愿者前往河北秦皇岛鸟类保护环志站开展鸟类环志现场培训。培训得到了全国鸟类环志中心和秦皇岛环志站的大力支持。环志站第一任站长乔振忠和现任站长杨金光都对志愿者培训工作的意义有着深刻的理解和认识，对每一次的培训都会给予最大的配合。在培训期间还会就鸟类学和鸟类环志的问题与专家和志愿者展开交流和讨论。

　　一般情况下，每次环志志愿者培训为期5天，主要内容包括鸟类学（主要是形态学和分类学）的基础知识、鸟类环志技术方法和环志数据的记录、整理。白天在网场现场培训技术操作，晚间在室内进行理论培训和日间工作总结。培训让志愿者有机会亲近鸟类、了解环志，培养了志愿者对于鸟类环志的兴趣，掌握了环志技术。有很多接受过培训的志愿者不止一次牺牲"五一""十一"和暑假的休息时间，来到秦皇岛环志站参加环志。培训持续至今，已开展25期。除此之外，还多次在北京师范大学校内组织室内理论培训。在此过程中，有200余人接受过环志现场培训，其中产生了一批鸟类环志骨干，蔡益、梁烜、付建平、侯笑

图4.2-1 赵欣如老师在环志网场现场讲授鸟类识别　摄影：金俊

如、陈晓星、肖雯、陈曦等人已经成为培训新志愿者的主力人员，从他们身上看到了中国鸟类环志志愿者发展的希望。

在全国鸟类环志中心的关怀下，赵欣如还在北京师范大学创建了《鸟类环志与保护》校际选修课程，对北京市学院路18所大学开放。这门很受欢迎的课程从1999年开始共开过15个学期，11年来修读并获得学分的学生已超过1 200人。此举是想通过大学的正规课程在大学生层面开展环志教育，推广和普及鸟类环志技术。

一些鸟类专家和环志站、点也带动和支持着各地有兴趣的环志志愿者。在黑龙江帽儿山鸟类环志点，东北林业大学的常家传教授不仅多年在此坚持环志工作，还对从高校到此学习环志、研究鸟类的学生给予指导和帮助。上海崇明东滩自然保护区以开展沿海水鸟环志为主，吸引着来自国内外的鸟类爱好者和环志志愿者，候鸟迁徙季节保护区的环志工作曾多次对志愿者开放。

中国鸟类环志志愿者的培训呈现如下几个特点：

1. 鸟类学家的关注与支持：中国科学院郑光美院士曾多次与鸟类环志志愿者开展环志研讨和交流；鸟类专家赵欣如、常家传等利用自己的专业所长，现场指

图4.2-2
2005年7月13日中国科学院郑光美院士、全国鸟类环志中心楚国忠主任（前任）、鸟类学家赵欣如、张正旺
参加在北京师范大学英东学术会堂举办的鸟类环志志愿者研讨会　摄影：金俊

导志愿者的环志工作，开展鸟类环志的教育和普及工作。

2. 全国鸟类环志中心的支持：全国鸟类环志中心的开放性给鸟类环志志愿者
提供了培训和参与的机会；地方环志站，如河北秦皇岛、黑龙江帽儿山、上海崇
明东滩等环志站、点为志愿者的参与提供了体验、学习、实践的环境。

3. 志愿者培训机制逐步形成：一种由鸟类学家或高校提供培训指导，地方环
志站提供基础培训条件，全国鸟类环志中心负责认证的志愿者培训机制正在逐步
形成。

第三节
鸟类环志志愿者规范

鸟类环志是一项严肃的工作，为了不违背"为了科学地保护鸟类，进行鸟类研究"的初衷，国际上对环志志愿者有着严格的要求。环志者在环志之前，必须得到国家或地区鸟类环志管理机构的允许。加拿大野生动物保护协会对环志者的规范也做了详细的规定，是目前国际上较权威的规定：

1. 最重要的一点是鸟类环志志愿者必须对他们所研究的鸟类的安全和福利负责，这意味着使鸟类受伤或死亡的危险必须减到最小。

一些基本的要求如下：

（1）要小心地、轻轻地、带着尊敬地握着每只鸟；

（2）捕鸟和处理过程要尽可能保证鸟的安全；

（3）当附近有食肉性动物时，要关闭捕鸟器或收起鸟网；

（4）在恶劣天气下不要环志；

（5）要频繁地查看捕鸟器和网的情况，并及时修理、维护；

（6）新手必须经过适当地训练和指导；

（7）每隔20~30分钟要检查一次网；

（8）按照每类捕鸟器的规定，定期检查捕鸟器；

（9）在环志结束时，要将捕鸟器和网整理好；

（10）不能随意放置捕鸟器或鸟网；

（11）对于同样大小和种类的攻击性的鸟使用双重的袋子即可；

（12）对每只鸟要使用合适尺寸的环志环和环志钳。

2. 环志者必须不断评价自己的工作：

（1）每当一次受伤或死亡情况发生时，要再次评估自己的方式和方法；

（2）善于接受其他环志者建设性的批评。

3. 环志者必须对他人的工作给出诚实的、建设性的评价，以帮助达到可能的最高水平：

（1）在环志、捕鸟和处理技术上发表创新；

（2）教育指导预期的环志者和训练者；

（3）向环志者提出任何虐待鸟的情况的反馈，如果没有改进，则向环志中心递交报告。

4. 环志者必须确保收集的数据是精确和完整的。

5. 环志者必须获得允许才能环志私养的鸟类。

总之，环志者在进行鸟类环志的过程中，必须以尽可能不伤害鸟类为基本原则，以不违背鸟类环志的根本初衷——为了科学地保护鸟类，进行鸟类研究——为基本要求。鸟类环志是一项细致而严谨的工作，这种保护鸟类的思想必须贯彻到环志的每一个细小环节，才能切实遵循环志的原则。对于环志者来说，使环志工作规范化、科学化任重而道远，但达到这一目标对鸟类环志的发展具有重要意义。

第五章

鸟类环志的作用和意义

最初，鸟类环志被用于探索候鸟迁飞到哪里去等有关迁徙的问题。在鸟类环志发展100多年的历程中，智慧的人们将这种技术方法广泛地运用到了鸟类的生物学和生态学研究工作中。

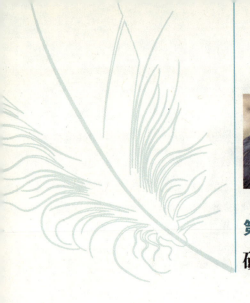

第一节
研究鸟类的迁徙

　　研究鸟类迁徙的规律是鸟类环志最重要的目的之一。经过100多年的环志研究，人们有了不少重要发现，但鸟类的迁徙活动仍有许多未知，还有很多问题仍困扰着人类，例如，它们从何处来到何处去，在迁徙途中有什么样的行为，它们依靠什么来指引迁徙的方向，是什么因素造成它们不辞劳苦地南北（或东西）往返。相对于直接观察法，环志法可以对鸟类个体进行标记和追踪，是研究鸟类迁徙问题最有效的方法之一。

一、了解鸟类繁殖地和越冬地之间的关系

图5.1-1　苍鹭 (*Ardea cinerea*)
摄影：Petra Wezelman

　　苍鹭 (*Ardea cinerea*) 在我国黑龙江省为夏候鸟，每年夏季迁飞至此，在沼泽地区和水边林缘地带繁殖。1985~1986年，我国环志人员对牡丹江鹭岛的苍鹭种群进行了环志迁徙研究。共环志雏鸟100只 (1985年环志87只，1986年环志13只)，除4只死亡外，其余全部迁离鹭岛。至1988年年底，共回收8只 (其中4只在鹭岛回收，回收率达8%)。回收信息表明，在牡丹江鹭岛繁殖的苍鹭冬季迁徙到广东省海康县越冬，一部分越过琼州海峡可抵达海南省文昌县，迁徙路程达3 000千米以上。

二、确定鸟类迁徙路径

　　鸟类迁徙的路径是指在繁殖地和越冬地之间迁徙时所经过的地方，迁徙图上一般都将环

志鸟的环志地点和回收地点用直线连接起来，构成理论上的迁徙路径。因此，当同种鸟类（或同一只鸟多次回收）回收点越多时，这条理论上的迁徙线路径也就越接近实际上的迁徙路径。

图5.1-2　家燕（*Hirundo rustica*）摄影：金俊

根据环志和回收数据所提供的信息，很多特定鸟种种群的迁徙路径被发现。在亚洲，20世纪中后期中国、日本、韩国、泰国、马来西亚、菲律宾、印度尼西亚等国都开展了家燕（*Hirundo rustica*）的环志工作，综合各国的环志和回收信息发现，东亚地区家燕的迁徙在亚洲东部沿海基本存在2条近乎平行的路径。其一是印度尼西亚→菲律宾→中国台湾→日本北海道或韩国；其二是印度尼西亚加里曼丹或马来西亚古晋地区→中国广东→中国山东至俄罗斯远东地区（张孚允，杨若丽，1997）。

通过环志研究人们还发现，根据迁徙路径的不同鸟类的迁徙方式还分为很多种不同类型：

（1）窄面迁徙：由鸟类迁徙路径和繁殖区、越冬区的面积相比，有的鸟种沿着相对集中、较狭窄的路径往返于繁殖地和越冬地之间，如灰鹤（*Grus grus*）。

（2）宽面迁徙：有的鸟种则沿着较宽的路径迁徙，如庭院林莺（*Sylvia borin*）。

（3）环状迁徙：有的鸟种春、秋两季迁徙路径不同，往返路径形成环状，如红背伯劳（*Lnius collurio*）。

（4）跳跃式迁徙：有的鸟种，高纬度地区的种群或亚种在迁徙中超过低纬度地区的种群或亚种，占据不同的繁殖地和越冬地。剑鸻（*Charadrius hiaticula*）的迁徙就是

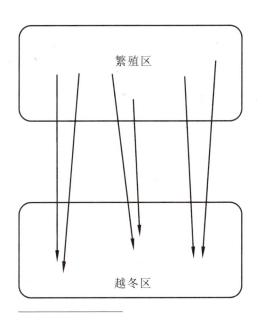

图5.1-3　窄面迁徙示意图

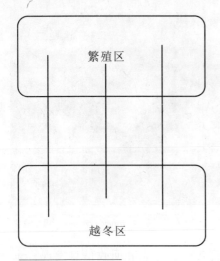

图5.1-4 宽面迁徙示意图

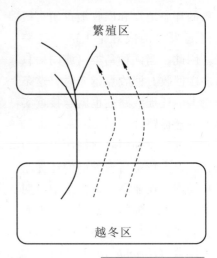

图5.1-5 环状迁徙示意图

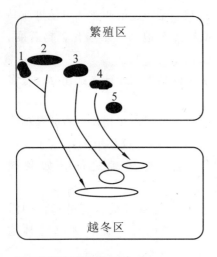

图5.1-6 跳跃式迁徙示意图

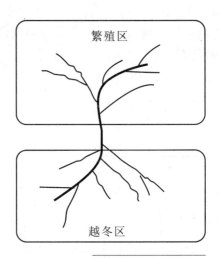

图5.1-7 漏斗状迁徙示意图

该类迁徙方式的一个经典范例。该种在俄罗斯（繁殖地更北）繁殖的种群越冬迁徙时超过在丹麦（繁殖地更南）繁殖的种群而到达更南的越冬地。

（5）漏斗状迁徙：有的鸟种在迁徙过程中多个迁徙路径会聚合在一起，如白鹳（*Ciconia ciconia*）。

三、研究鸟类迁徙策略

往返于繁殖地和越冬地的旅程往往很长而且艰辛，很多鸟类的繁殖地和越冬地之间相距数千甚至上万千米，在迁徙过程中需要在一个或多个地点停留，摄入大量食物以补充能量，用于下一阶段迁徙飞行之需，这样的地点被称为迁徙停歇地。不同鸟类在迁徙时所利用的迁徙停歇地的数量不同，采用的迁徙策略也各不相同。在欧洲，环志发现在英国繁殖的叽喳柳莺（*Phylloscopus collybitus*）在一系列的停歇地停歇后到达越冬地。叽喳柳莺首先向着英国的东南部飞去，在那里可以找到适合小体型鸟类飞越到大陆的海峡。十月初它们再飞往西班牙、葡萄牙、摩洛哥，然后穿越撒哈拉大沙漠到达非洲西部的越冬地，由毛里塔尼亚扩展到几内亚比绍。

测量环志鸟的各项生物学指标，如体重、脂肪度、肌肉度等，可以帮助我们了解鸟类个体的身体状况和能量积蓄状态。这些数据与迁徙行为的观察和迁徙停歇地的环境信息相结合，能够更深入地分析鸟类迁徙中采用何种策略，为何采用此种策略等问题。

环志结果表明，鸟类迁徙可能采取长距离的跳跃式（jump）迁徙、中等距离的蹦跳式（skip）迁徙以及短距离的轻跳式（hop）迁徙等不同的策略。对于长距离跳跃式迁徙的鸟类来讲，虽然在相隔数千千米甚至上万千米的迁徙停歇地之间连续飞行要消耗大量能量，但这种迁徙方式可以减少多次停歇所花费的时间，从而加快迁徙速度。而采用短距离轻跳式迁徙的鸟类则可以在多个迁徙停歇地补充能量，减少飞行过程中携带过多能量所造成的额外能量消耗并避免长距离迁徙可能带来的能量不足的问题。鸟类所采取的迁徙对策与其在迁徙停歇地的能量补充密切相关，采取长距离跳跃迁徙方式的鸟类在迁徙停歇地需要一次性补充大量能量，而采取短距离轻跳迁徙方式的鸟类在迁徙停歇地一次性补充的能量相对较少。

四、研究鸟类迁徙定向机制

环志不仅可以回答鸟类都迁徙去了哪里，第二年是否还回来的问题，环志回收数据还包含了一些潜在的机制信息。

在研究鸟类迁徙定向机制方面，最经典的实验是Perdeck（1958）所做的位移实验。Perdeck在荷兰环志了18 000多只欧椋鸟（*Sturnus vulgaris*），在环志地放飞了大约7 500只，而剩下的11 000只被运到瑞士，并在那里释放。第一个秋季和冬季的回收数据表明，成年的欧椋鸟更正了位移，而未成年的幼鸟则沿着一条平行于原种群迁徙路径的线路迁徙到了法国南部和西班牙。Perdeck的位移实验有力地证明，欧椋鸟的幼鸟只是简单地采用了一种罗盘定向方式，即按照确定的方向去迁徙，不管起点是哪里；而成鸟则通过学习和利用经验获得了真正的定向能力。

第二节
研究鸟类的生活史

　　利用环志可以研究鸟类自孵出至衰老和死亡的生活史，环志和回收可以提供关于鸟类生活史的很多信息，如鸟类的寿命、生长发育、性成熟年龄、繁殖能力、活动范围等，因此鸟类环志研究并不局限于有迁徙行为的候鸟，对留鸟的环志同样有价值。

　　对于鸟类繁殖，借助环志的方法，我们能够准确地了解到一对鸟所占巢区的面积，雌雄鸟对巢区的依恋度，它们在孵卵和育雏中所分担的工作，在育雏过程中的取食范围、飞行距离，在不同季节中的漂游范围，配偶间及与邻鸟间的关

表 5.2-1　日本鸟类环志年报中有关鸟类寿命的记录表

种　名	寿　命 (年—月)	种　名	寿　命 (年—月)
1.白额鹱 *Puffinus leucomelas*	17—02	9.黑腹滨鹬 *Calidris alpina*	05—11
2.哈考氏叉尾海燕 *Oceanodroma castro*	12—01	10.灰背鸥 *Larus schistisagus*	11—11
3.褐鲣鸟 *Sula leucogaster*	11—02	11.黑尾鸥 *Larus crassirostris*	14—11
4.大天鹅 *Cygnuscygnus*	08—06	12.褐翅燕鸥 *Sternaanaethetus*	07—02
5.绿头鸭 *Anas platyrhynchos*	12—09	13.白顶黑燕鸥 *Anous stolidus*	11—02
6.斑嘴鸭 *Anas poecilorhyncha*	07—11	14.角嘴海雀 *Cerorhinca monocerata*	14—11
7.针尾鸭 *Anas acuta*	14—01	15.小白腰雨燕 *Apus affinis*	06—10
8.蒙古沙鸻 *Charadrius mongolus*	10—07	16.家燕 *Hirundo rustica*	07—01

续表

种　名	寿命 (年—月)	种　名	寿命 (年—月)
17. 田鹀 *Emberiza rustica*	06—07	30. 乌燕鸥 *Sterna fuscata*	32—02
18. 白腰叉尾海燕 *Oceanodroma leucorhoa*	13—11	31. 普通角鸮 *Otus scops*	14—01
19. 短尾信天翁 *Diomedea albatrus*	17—07	32. 毛脚燕 *Delichon urbica*	08—11
20. 普通鸬鹚 *Phalacrocorax carbo*	11—07	33. 白鹡鸰 *Motacilla alba*	09—01
21. 夜鹭 *Nycticorax nycticorax*	11—06	34. 牛头伯劳 *Lanius bucephalus*	06—09
22. 中白鹭 *Egretta intermedia*	13—02	35. 斑鸫 *Turdus naumanni*	09—10
23. 白鹭 *Egretta garzetta*	12—01	36. 黑眉苇莺 *Acrocephalus bistrigiceps*	06—03
24. 赤颈鸭 *Anas penelope*	10—03	37. 大苇莺 *Acrocephalus arundinaceus*	11—00
25. 翻石鹬 *Arenaria interpres*	12—09	38. 暗绿绣眼鸟 *Zosterops japonicus*	06—11
26. 麦氏贼鸥 *Catharacta maccormicki*	17—07	39. 灰头鹀 *Emberiza spodocephala*	08—02
27. 黑尾鸥 *Larus crassirostris*	14—11	40. 芦鹀 *Emberiza schoeniclus*	09—02
28. 粉红燕鸥 *Sterna dougallii*	10—11	41. 灰椋鸟 *Sturnus cineraceus*	06—11
29. 白额燕鸥 *Sterna albifrons*	13—00	42. 松鸦 *Garrulus glandarius*	06—01

资料来源:《日本鸟类环志研究》(金东庆等)

系，首次繁殖的年龄，以及雏鸟的发育、被羽、体重变化、换羽，等等。同时，通过环志法，还能探究一只成鸟一年间繁殖几窝，能繁殖几年，历次繁殖能否返回旧巢或是旧巢区，是否维持繁殖配偶关系等。

高登选等人1985~1989年对山东省日照市的家燕（*Hirundo rustica*）和金腰燕（*Hirundo daurica*）开展了环志研究。研究发现家燕和金腰燕都有归巢的能力。1987年在37个巢中环志成鸟47只，次年重新捕获，有12只（家燕7只，金腰燕5只）环志鸟返回原巢，占47只环志成鸟的25.5%。1989年原巢捕获上年带环的成鸟5只（家燕4只，金腰燕1只），回巢数占环志成鸟（8只）的62.5%。研究还发现家燕和金腰燕的配偶关系并非固定不变，在不同年份甚至同一年当中都可能发生变化。1988年育雏期的回收数据显示，1987年环志的12对燕子有5对（家燕2对，金腰燕3对）都改换了配偶。1988年14号巢中一对金腰燕（雌，C00-7765；雄，

European Longevity Records
Generated on: Wednesday, 1 Oct 2008 at 18:07

The table below lists longevity records recorded through European bird ringing, ordered by Voous
taxonomic order.

Species	Scientific name	Scheme	Ring No.	Age	Finding details
Red-throated Diver	Gavia stellata	Sweden	D 1928	23yrs 7mths	Found dead (oiled)
Black-throated Diver	Gavia arctica	Germany	B 34256	>27yrs 10mths	Shot
Little Grebe	Tachybaptus ruficollis	Switzerland	929838	>13yrs 6mths	Controlled by ringer
Great Crested Grebe	Podiceps cristatus	Russia	C 111277	19yrs 3mths	Shot
Slavonian Grebe	Podiceps auritus	Iceland	V 4646	7yrs 0mths	Found dead
Black-necked Grebe	Podiceps nigricollis	Spain	6018657	>7yrs 2mths	Killed by other species of bird
Cory's Shearwater	Calonectris diomedea	Portugal	L 000366	24yrs 10mths	Found dead
>> Cory's Shearwater	>>Calonectris diomedea	Portugal	L 5544	21yrs 0mths	Found dead
Manx Shearwater	Puffinus puffinus	Britain & Ireland	AT 46622	>49yrs 8mths	Controlled by ringer
Balearic Shearwater	Puffinus mauretanicus	Spain	5005377	12yrs 1mths	Controlled by ringer
Fulmar	Fulmarus glacialis	Britain & Ireland	352227	>43yrs 10mths	Identified by other marks in the field
European Storm Petrel	Hydrobates pelagicus	Britain & Ireland	649064	>32yrs 9mths	Controlled by ringer

图5.2-1 欧洲鸟类环志联盟网站中欧洲环志鸟寿命表截图

C00–7476）于6月17日饲喂将离巢的5只幼鸟。两天之后，发现雌鸟离开，育雏
活动由雄鸟承担。离开的雌鸟与另一只雄鸟（C00–7527）结合，于6月21日在86
号巢内二次产卵进行繁殖。

第三节

研究鸟类的种群生态

  了解鸟类种群动态、掌握种群消长的机制将为鸟类的保护和解决很多鸟类进化方面的问题提供重要信息。在种群生态的研究中，对于一个种群中的不同年龄组成，种群消长过程中的不同成分的组成，种群中的成活率和死亡率及其在不同年份、不同季节及不同地区中的变化等的研究，环志法都是最为常用的方法。

一、研究鸟类种群动态

  种群动态是指种群大小或数量在时间上和空间上的变动规律。简单地说就是：有多少（数量或密度）；哪里多、哪里少（分布和空间结构）；怎样变动（数量变动）；为什么这样变动（种群数量的调节机制）。

  若想了解鸟类种群的动态，得到有关存活、繁殖、迁入和迁出个体的数量信息是至关重要的，环志的标记到个体，使我们掌握鸟类种群的变化成为可能。利用数学模型分析处理环志和回收信息，可以获得较为准确的种群动态信息。Gordon等人1958~1983年利用环志研究和监测了黑顶山雀（*Parus atricapillus*）的种群动态。它们利用Jolly-Seber模型对这个种群每年的大小、存活率、补充个体数量进行估算：在这些年里，黑头山雀的种群数量平均值大约为160只，每年新补充的个体约57只，每年的存活率平均为59%。

  细致深入的种群研究将为鸟类保护提供科学的依据。环志研究发现，欧洲的褐头山雀（*Parus montanus*）种群由往年存活下来的成鸟（64%）、新出生的幼鸟（14%）和迁入的个体（22%）组成。通常情况下，种群数量变化主要取决于新生个体和迁入个体数量变化，但是存活成鸟在种群中占到如此高的比例，不得不让人们注意，即使存活成鸟数量的轻微变化都会对种群有重大的影响，保护成年个体可能成为保护该鸟种的重要策略。

二、研究鸟类种群扩散

扩散是生物个体之间相互远离的单线性运动，是生物的基本特征之一。扩散使种群扩大了分布区，调整了种群的年龄结构与性别结构，改变了遗传结构，种群扩散对种群的分布、动态及遗传结构等方面均有重要影响。鸟类的扩散同样会带来原栖息地和扩散栖息地生物多样性和环境的变化。了解这些变化对保护鸟类和环境都很重要。

如果环志数量达到一定的程度（如100~1 000只），而回收率也达到一定程度（0.04%以上）的话，就可以利用计算机软件来计算鸟类的存活率和扩散。Nice最早采用彩环标记了歌带鹀（*Melospiza melodia*），发现每年在所标记的鸟类中有47%的个体发生了扩散或者死亡。自此之后，大量的有关扩散的研究均将环志作为基本的研究手段，Chernetsov等对白鹳（*Ciconia ciconia*）波兰种群长达25年的环志回收资料进行了多元回归分析，发现白鹳扩散的平均距离在94千米，扩散距离主要受扩散个体的性别和幼体出生年份的影响。

第四节

环志在鸟类学研究之外的作用

一、监测全球气候变化

鸟类对气候的变化非常敏感，它们会通过各种方式来应对这些变化。春季更早地到达繁殖地，更早地进入繁殖程序，以及春季迁徙种类的上升都预示着气温的升高。在一些国家和地区，鸟类环志的工作开展已超过了100年，大量的回收数据覆盖了广阔的地理区域。在欧洲，回收数据被用于分析气候变化和鸟类行为变化的关系，鸟类环志积累的回收数据证明候鸟越冬纬度的变化与气候变化相关。在德国，对30种鸟类多年的冬季回收记录进行了分析和比较，发现其中9种鸟在不到100千米的范围内回收率明显提高；5种鸟在繁殖地和越冬地之间的平均回收记录减少；10种鸟有到更高纬度地区越冬的趋势，这些都与全球气候变暖密切相关。

二、监测环境

美国早在1972年就将鸟类确定为环境变化的最具普遍意义的指示物种。鸟类在环境监测中的应用的一个主要方面就是监测环境污染；另一个主要方面是监测环境中的不为人所注意或意想不到的变化和生境的整体变化。许多水鸟，如白鹭（*Egretta garzetta*）的繁殖力、窝卵数和幼鸟的成活率是良好的水质指示。目前的监测多是基于鸟类的个体、种群或群落的研究，而鸟类环志是开展这些研究的有效方法。例如，研究人员根据详尽的环志和回收记录证明美国东海岸鹗（*Pandion haliaetus*）的数量明显减少，经过进一步研究发现这种鸟类数量下降的原因是DDT引起鸟卵壳变薄，繁殖力下降，导致种群数量的显著下降。

三、监测和研究疫源疫病

许多鸟类体内、外带有病原物，这些病原物不仅可以使鸟类患病，有些还可能影响到人类的健康。鸟类的迁徙种群动态信息将为鸟类相关的疫源疫病监测和研究提供基础数据。

2005年H_5N_1亚型高致病性禽流感病毒（HPAI H_5N_1）首先在亚洲出现，而后又从亚洲蔓延至欧洲和非洲，候鸟作为潜在病毒携带者起着怎样的作用这一问题引起了各国政府、媒体和公众的广泛关注。环志再一次发挥了其独特的作用。鸟类学家通过大量的环志回收数据分析发现，鸟类的运动和H_5N_1病毒的传播存在着时间和空间上的差异，极好地证明了野生鸟类不是或不是最重要的禽流感传播源。后来，病毒学家对病毒基因组的分析也证明了这一点。在德国鲁根发现的一只被禽流感感染的环志了的疣鼻天鹅（*Cygnus olor*）成为禽流感研究的重要对象。根据环志标记，这只疣鼻天鹅是在拉脱维亚被环志的，并且在两周之前它还被看到是活着的。这只鸟和其他很多被标记过的鸟，都将为科学家提供病原传播和流行病学方面的信息，并进一步为提出疫病的防治策略作出贡献。

第六章

鸟类环志技术与方法

　　掌握科学规范的鸟类环志技术与方法，对于提高环志工作的效率和质量是至关重要的。目前，国际上并没有统一的鸟类环志技术标准和工作方法，不同国家和地区在鸟类环志工作中使用的方法和标准是不同的，对不同类型的鸟进行环志采用的技术和方法也有所不同。环志人员无论采用什么样的技术手段，重点是要考虑如何提高鸟类环志数量和质量。与此同时，还必须考虑如何确保环志人员自身的安全，以及将环志过程中对鸟类造成干扰和伤害的可能性降至最低，减少环志工作对鸟类造成的影响。

第一节
鸟类环志的主要用具和方法

一、各种类型的鸟环及无线电遥测和卫星追踪装置

鸟类环志就是将专门制作的鸟环戴到鸟类身体的合适位置，从而使鸟类带上特定的标记，便于人类对它们进行研究和记录。狭义的鸟类环志，仅指使用金属环的标记方法。广义的鸟类环志，泛指各种标记鸟类的手段，其中也包括无线电跟踪和卫星追踪。

鸟环有不同的种类，各类的鸟环又有一系列大小不同的型号，以便环志人员为每种鸟都能找到合适的鸟环。鸟环按照其标记的位置不同可以分为脚环、腿环、翅环、颈环和鼻环等，按照制作材料的不同又可以分为金属环和塑料环，塑料环通常采用不同的颜色作为标记，因此也称为彩环或彩色标记。

（一）金属环

金属环是最常用的鸟环，一般套在鸟的跗蹠部，因此也被叫做金属脚环。全国鸟类环志中心到目前为止所制造和使用的只有金属脚环一种类型，各地环志站在一些候鸟迁徙研究的国际项目中有时也尝试使用其他形式的鸟环，如颈环、腿环、彩色旗标等。

金属环一般使用铜、镍、铝、铬、铁等金属的合金加工而成，并用蚀刻技术将鸟环的编号、联系方式、制作

图6.1-1
各式各样的金属鸟环
图片来源：http://www.pwrc.usgs.gov
/BBL/homepage/btypes.cfm

单位等信息刻在鸟环的表面。为避免蚀刻的字迹模糊，通常使用的金属材料要具有防锈、不易磨损等特点。

1. 对接环（butt-end bands）

金属鸟环一般有三种主要的类型，最常见的是对接环。对接环是一个圆环，当环正确闭合后，环口的两个边缘应吻合对接在一起。

图6.1-2　各种型号的金属对接环　图片来源：http://www.pwrc.usgs.gov/BBL/homepage/btypes.cfm

我国制作的鸟环，基本上都是对接环，所用的材料有铜镍合金和二号防锈铝。根据我国鸟类跗蹠实测数据的分析归纳，全国鸟类环志中心设计出15种不同规格的鸟环，内径从2~26mm不等，可以适合小至黄腰柳莺（*Phylloscopus proregulus*），大至玉带海雕（*Haliaeetus leucoryphus*）、大天鹅（*Cygnus cygnus*）等各种体型的鸟使用。

各种规格的鸟环上均刻有环型、环号、国别的英文缩写和邮箱号码。

在野外工作时，应尽量查阅"中国鸟环规格型号及适合鸟种表"，以选择合适的鸟环。有时同一种鸟的跗蹠粗细也有差别，因此环志人员还需要根据实际测量的数据决定使用鸟环的型号。

2. 锁扣环（lock-on bands）和铆接环（rivet bands）

锁扣环和铆接环可以防止鹰和鸦之类的猛禽用它们强有力的喙将环打开或损

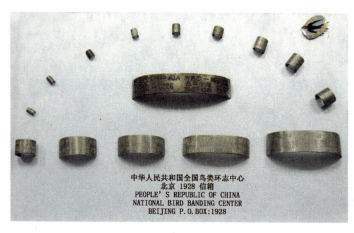

图6.1-3　我国现在使用的金属环
摄影：肖雯

图6.1-4 锁扣环 图片来源：Hilton Pond Center

图6.1-5 铆接环 摄影：Lori Richardson

环。锁扣环用于环志除了鹰以外的中到大型的猛禽。锁扣环是像对接环那样的圆环，只是环的两个边缘向外突出，其中一个长一些，可以折叠起来包住短的边缘，将鸟环牢牢地锁住。这种环通常用相对比较软的金属铝制作，环志人员能够比较容易地把它们摘除，但是鸟却打不开。

铆接环通常用比锁扣环硬的金属制造，主要用于环志鹰类、雉类等。铆接环在接缝处有两个向外突出的短的边缘，当环闭合时，它们靠在一起，上面有一个可以穿铆钉的孔，这样就可以用铆钉把它们固定起来。

3. 其他类型的金属环

蹼标（web tags）是一种很小的金属标记，用来对雁鸭类的幼鸟进行环志。蹼标可以用来区分当地或者是鸟巢所在地的幼鸟，也可以用于幼鸟生长和存活状况的研究。使用蹼标可以在由于鸟太小而不能做环志的时候对幼鸟个体进行标记。由于蹼标是用在幼鸟身上的，因此只能作为一种辅助性的标记。当幼鸟长到足够大再次被捕获时，就可以给它们加上正式的鸟环。由于蹼标可以记录幼鸟孵化的年份，因此使用蹼标可以让环志人员准确地进行年龄判断。

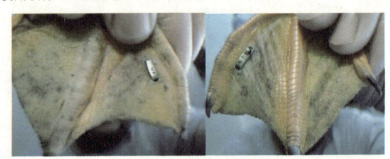

图6.1-6 野鸭的蹼标
摄影：Steve Guest photo

（二）彩色标记（colour-marking）

彩色标记是近些年来才在鸟类学研究中逐渐开始广泛采用的一种环志方法，常用的彩色标记包括：腿环、腿（脚）旗、颈环、翅标以及给羽毛染色等。与普通的金属环相比，使用彩色标记进行环志可以使被环志的鸟更加容易被观察和记录。而且只在给鸟上彩色标记时，需要把鸟捕到一次，以后就可以直接观察而无须再把鸟捕捉到读出它们的环号了。

彩色标记是鸟类学研究中的一项重要的技术，在涉及对一个特定地区的某种鸟类行为进行研究时，例如观察鸟类日常的行为细节，可以使用彩色标记。而当人们主要想掌握鸟类季节性迁徙的时间规律和路线时，也可以使用彩色标记。这些彩色标记有的是永久性的，有的过一段时间就会脱落或消失。

对于某些类型的标记，人们会对标记的大小、形状、颜色或风格等方面制定协议。签署协议书有助于使许多不同的项目间保持协调一致，让全体研究人员可以辨认出所有被环志的鸟类个体。在彩色标记的类型和颜色方面也存在一些国际协议，用于对某些鸟种或鸟类群体的迁徙进行研究。例如我国参与了"东亚-澳洲迁徙路线上迁徙海滨鸟彩色旗标协议"，在东亚-澳洲迁徙路线上开展彩色环志方面的国际合作与研究。

1. 腿环（leg band）和腿旗（leg flag）

腿环是安置在鸟腿上的彩色塑料环，有时彩色塑料环也可以安放鸟类的跗蹠部。腿旗是在鸟腿上安放的一个小小的彩色塑料突起或旗，看起来就是彩色腿环上的一个小突起。腿旗比腿环更明显，并且更容易被人们观测到。腿旗通常用于研究涉禽的迁徙路线，而不是用于鉴定个体。腿环和腿旗可放置1至多个，颜色可根据相关协议使用单色或多色组合，再加上鸟的左右肢搭配可以形成更多组合，便于同时开展多种项目（不同鸟种、不同地区、不同季节等）的标记追踪研究。有时，金属环、彩色腿环和腿旗会混合在一起使用。

图6.1-7（左）
涉禽腿上的彩旗
图片来源：Colour Flagging Protocol for Migratory Shorebirds in the East Asian–Australasian Flyway

图6.1-8（右）
带彩环的红嘴巨鸥（*Hydroprogne caspia*）摄影：Steven Smith

2. 颈环（neck bands or collars）

颈环通常是用双层彩色塑料卷成的，两层塑料颜色不同。颈环上面显示的编

图6.1-9 颈环 摄影：姚毅

图6.1-10 带颈环的雪雁 (*Anser caerulescens*)
摄影：Kelly Otis Hazen

号是专用刻字机刻掉第一层塑料露出第二层塑料的结果。颈环多套在雁鸭类的颈部，主要用于对其种群的研究或者在研究项目中追踪它们。颈环比较大，研究人员用望远镜就能很容易读出上面的环号，因此可以通过颈环的颜色及编号对鸟类的个体加以区分。

3. 翅标（wing markers）

翅标是用塑料制成的环状或牛耳状的标签，上面带有编号，绑缚在鸟翼前缘。翅标在鸟飞翔和停歇的时候都能被观察到，但鸟停歇的时候翅标会被鸟的羽毛遮挡住一部分。翅标一般安置在体型较大的鸟类身上，如天鹅、秃鹫、鹭、乌鸦等。大部分翅标上面是带有编号的，这样研究人员就可以区分鸟类的个体了。

图6.1-11 带翅标的黑嘴天鹅 (*Cygnus buccinator*)
摄影：Wayne Miller

图 6.1-12 带橙色翅标的白头海雕 (*Haliaeetus leucocephalus*)
摄影：Steve Wagener of Wag the Dog Productions, Ltd.

即使只观察到翅标的颜色，也是有意义的，因为这一信息至少可以确定所带翅标的鸟属于哪个研究项目。

4. 鼻标（nasal markers）

鼻标通常是用彩色的塑料片制成，上面带有编号，与鸟嘴的形状一致，装在鸟嘴的上面。鼻标主要用于对当地鸭类行为及活动的研究，与雁和天鹅所带的颈环不同，鼻标通常只用于区分研究区域内的个体，而不需要与其他地区的标志协调一致。

图6.1-13 带鼻标的绿翅鸭（*Anas crecca*）
图片来源：http://www.holmer.nl/nasal_marks.htm

图6.1-14 带鼻标的凤头潜鸭（*Aythya fuligula*）
摄影：Darrell Whitworth

5. 染料（dyes）

环志人员有时也使用染料来标记鸟，这是一种很明显的标记方法，同时也是一种临时的标记方式。由于换羽或日晒雨淋等原因，染料保存不了几个月就会褪掉。使用染料可以在研究中引起观察人员的注意，效果比用腿旗、腿环等更加明显。对鸟染色时通常使用颜色鲜艳醒目，并且不会引起鸟类中毒的染料。染色标记法更适合研究在岛屿上的幼鸟群。

图 6.1 –15 带橙色标记的黑眉信天翁（*Diomedea melanophris*）幼鸟
图片来源：http://www.falklandsconservation.com/albatross–orange.html

（三）无线电遥测及卫星追踪

无线电遥测及卫星追踪是近年来开始使用并逐渐推广的鸟类迁徙研究新技术。无线电遥测及卫星追踪扩大了人们对鸟类进行观察研究的能力和范围。利用这些技术，可以通过远距离遥感监测，在不干扰鸟正常活动的情况下，确定其准确位置并收集有关行为等方面的信息。

1. 无线电遥测（radio telemetry）

无线电遥测是通过接收装在鸟类身上的无线电发射器发出的电波，来确定鸟类所在位置的鸟类监测技术。随着科技的发展和高质量晶体管的出现，无线电遥测的适用性和灵敏度都有了显著提高。一套无线电遥测设备基本上由发射器、接收器和天线3部分组成。在鸟身上安装无线电发射器有很多种方法。例如发射器可以套在鸟的颈部，也可以固定在鸟背上，或者是安装在鸟的翅上。小型发射器还可以用胶水直接粘贴或用夹子等固定在鸟的中央尾羽上，这样在换羽期可以收回发射器。

图6.1-16 带无线电发射器的小天鹅（*Cygnus columbianus*）
摄影：Larissa Rose, PA Game Commission

图6.1-17 带无线电发射器的白冠带鹀（*Zonotrichia leucophrys*）
摄影：Christian Ziegler / PNAS

2. 卫星追踪（satellite tracking）

卫星追踪是将能够以一定的时间间隔向外界发射信号的卫星发射器安置在鸟类身上，对鸟类的运动和所处位置进行监测的技术。卫星追踪技术的工作原理是：卫星上的传感器在接收到由鸟类携带的卫星发射器发射的卫星信号后，将信号传送给地面接收站处理中心，得出跟踪对象所在地点的经纬度、海拔高度等数据，最终提供给研究人员。20 世纪 80 年代末期卫星追踪技术开始用于鸟类迁徙研究，具有追踪范围尺度广，时间跨度长，能在短时间内得到大量准确、及时的信息等优点。

目前，卫星追踪技术的使用范围，可以从大型猛禽、水禽扩大到中等体型的雁鸭类，甚至小型的雀形目鸟类等。这些发射器可以配戴在鸟类的背部、颈部、腿和翅膀上等，其中以将发射器绑在鸟类的背部的放置方法最为常见。

图6.1-18 带卫星发射器的秃鹫 (*Aegypius monachus*)
摄影：Thai Raptor Group

二、鸟类环志的工具

"工欲善其事，必先利其器"。选择使用合适的工具，是做好鸟类环志工作的基础和保障。目前我国鸟类环志工作中使用的基本工具包括：各种用于捕捉鸟类的工具，暂时保存和运送鸟类的鸟袋，鸟环、环志钳等环志工具和用于对鸟体进行测量的各种测量工具。

（一）捕捉鸟类的工具和方法

目前国内和国际鸟类环志过程中使用最普遍的捕鸟工具是雾网。此外，还有其他一些常用的捕鸟工具，例如陷阱、拍网、围网、拉网、扣网，等等。

1. 雾网（mist net）

雾网，也称粘网或张网，由细线或细丝编制而成的网片组成。目前使用的雾网，网面多数使用聚酯合成纤维编织，因为合成纤维网具有线径细小、网的可见度低、不怕潮湿以及能长久保持弹性等特点。也有一些网是由丙纶、涤纶或棉线编制而成的，这样的网能更好地保护鸟类，减少伤害。

雾网为长方形，从上到下每隔一段（30~50网目）就要穿一根横纲。每一横纲等长并且在每一横纲的两端系以绳套。将横纲两端的绳套分别按顺序套在两根竹竿或金属竿上，再将两根竿平行

图6.1-19 雾网支好后的状态　摄影：金俊

图6.1-20　落入网中的红喉［姬］鹟 *(Ficedula parva)*　摄影：梁炟

拉开，网面就可以展开。

支好的雾网每两根纲绳之间都会出现网兜。当鸟撞到雾网上时，因重力会陷入这些网兜当中，在它们试图挣脱时则会将网线缠绕在爪、足、翅等处，从而被固定在网上，直到环志人员解开缠绕的网线，把它们从网上解脱出来。雾网的使用非常方便，收取都比较简单，只要选择好合适的架设位置，雾网是一种适用性好且十分有效的捕鸟工具，适合相当多鸟种的捕捉。针对不同鸟种的生态学特性，捕鸟雾网的网目和网片尺寸、线径、兜数、纲线线径等都有所不同。具体情况可参见全国鸟类环志中心制定的雾（粘）网编号表。

表6.1-1　雾（粘）网编号及适用鸟种

编号	适用鸟种	网目尺寸（厘米）	网面尺寸（长、宽目数）	兜数	颜色
1	啄花鸟科各属种、太阳鸟科各属种、攀雀科、旋木雀科、绣眼鸟科各属种、莺亚科、鹟科各属种	1.2×1.2	1 500×250	5	黑色、草绿色
2	鹟科、鸫鹟科、岩鹨科、山雀科、文鸟科、雀科、翠鸟科、鹡鸰科、河乌科	1.8×1.8	(600～700)×150	5	黑色、草绿色
3	百灵科、鹡科、戴胜科、画眉科、鸳形目	2.5×2.5	(700～800)×100	3～4	黑色、草绿色
4	鸠鸽科、沙鸡科、鹑属	3.5×3.5	(700～800)×120	3	黑色
5	鸡形目（鹑属除外）、雁形目（天鹅除外）	(6.6～8)×(6.6～8)	(600～700)×90	2～3	黑色、天蓝、草绿色
6	其他大型鸟类	(12～16)×(12～16)	—	—	

2. 陷阱（traps）

陷阱可以自动捕捉鸟类，捕捉的原理是鸟类进入陷阱后会触动捕捉的开关而被关在陷阱中，或者一旦进入就很难找到逃逸的出口，从而身陷其中。小到麻雀、大到鸠鸽，甚至鸭雁类的鸟都可以用不同规格、样式的陷阱进行捕捉。

（1）踏笼和拍笼

a

b

图6.1-21　拍笼　摄影：赵欣如

踏笼是一种适于捕捉地栖鸟类的陷阱，对于捕捉鸫属、鹊鸲属以及鹀属的鸟类都很有效。踏笼的捕捉原理是当鸟跳上笼内的横木时，由于下压横木触动机关，使笼门关闭将鸟关在笼内。在用踏笼捕捉鸟类时需要在笼内放置食物和水对鸟进行诱捕。

踏笼和拍笼主要用于捕捉体型较小的集群性很强的鸣禽。拍笼与踏笼的不同之处在于拍笼上往往装有橡皮筋、弹簧或弹性金属片作为捕鸟机关的动力装置。当鸟受到引诱飞入笼中，踩踏笼中横杆时，鸟自身的重量会启动捕鸟的机关，关闭笼盖，将鸟捕捉到拍笼中。这种陷阱可以设计为单室，也可以设计成

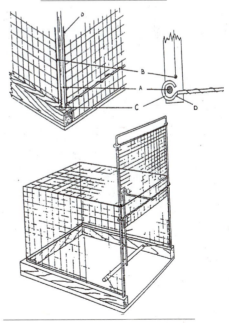

图6.1-22　踏笼的工作原理 图片来源：全国鸟类环志中心编，《鸟类环志技术规程》

为多室。拍笼还可以使用活鸟引诱，将作为诱鸟的鸟关在拍笼中一个专用笼腔当中，鸟的活动和鸣叫声会引诱同种鸟前来，一旦踏到机关就会被捕捉。此外，还可以用食物做诱饵。如果以种子为诱饵，可以捕捉雀科和山雀科的鸟；以水果为诱饵，可以捕捉绣眼一类的鸟。拍笼既可以放在地上，也可以悬挂在树上。

（2）漏斗形陷阱

漏斗形陷阱可以根据捕捉对象的特点，设计成大小不一的很多种类型。这种陷阱的主要原理是引诱鸟类通过漏斗形的入口，进入到陷阱当中。由于陷阱的开口较小，鸟类一旦进入就很难再出去，从而被捕捉到。漏斗形陷阱可以捕捉地栖型的鸣禽，在湿地、滩涂活动的涉禽，也可以用于捕捉在水面活动的游禽。开口向上的陷阱可以用来诱捕从空中飞过的鸦类、鸠鸽类以及鸥类。

图6.1-23　捕捉野鸭的大型陷阱
图片来源：http://www.wheatear.biz

图6.1-24　捕捉野鸭的小型陷阱　图片来源：http://www.wheatear.biz

3. 拍网（bow net）

拍网的捕鸟原理与陷阱相似，主要靠鸟类自身触动开关，导致拍网的两个网面闭合在一起，将鸟类关闭在其中。拍网通常适合捕捉单独活动的鸟。图6.1-25中的拍网上装了一条黄粉甲幼虫作为诱饵。当鸟上前啄食时就会触动机关，将捆

图6.1-25 支好的拍网 摄影：金俊

绑虫的细绳松开，在弹簧作
用下别在上面的小棍也随之
弹开，导致网面像夹子一样
突然闭合，把鸟关在其中。

4. 拉网 (pull net)

所谓拉网是指网放置好
后，用食物诱饵、水盘、诱
鸟等引诱鸟进入网区，人在
远处牵拉系在网边上的绳子，
使网面被拉起闭合，将鸟罩在其中。拉网的使用需要有一片相对平坦的空地，在
草地或滩涂上都可以使用，可以捕到在地面活动的一小群鸟。由于拉网需要靠人
主动牵拉才能将鸟捕到，因此需要环志人员具有一定经验和技巧。在使用拉网捕
鸟的过程中，环志人员要始终守在旁边，一旦有鸟进入网区，及时拉起网片，这

a   b

c   d

图6.1-26 拉网的使用过程 摄影：聂兵

样才能将鸟捕到。

5. 翻网（turn trap）

翻网捕鸟的原理是将网放置在地上，当鸟落在翻网的捕捉区时，通过牵拉拉绳使网翻起，将鸟扣住。翻网能捕捉集群取食或栖息的鸟类，如雁鸭类、鸻鹬类、鸥类等。翻网所用器材简单，架设和运输容易。有风的时候，把网设在背风的方向效果更好，因为鸟类通常逆风起飞，正好迎上覆盖下来的网，而且这样还

a   b

c   d

e   f

图6.1-27 使用翻网捕鸟的过程   摄影：章克家

能加快翻网的速度。有时也可以使用两面翻网，调整好位置和拉绳的方向，再配合使用鸟体模型以提高捕鸟的效率。

6. 扣网（fall trap）

扣网捕鸟的原理非常简单，通常是用各种方法将扣网一侧倾斜支起或挂起，当鸟进入扣网下方时，环志人员牵动引绳，使网笼落下把鸟扣在里面。环志人员可以根据捕捉的环境情况和要捕捉鸟类的特点，制作不同大小、样式的扣网。在使用扣网时，采取一定的诱捕措施，能提高捕获的概率。

扣网需要由人拉动支撑网笼的机关，使进入网笼的鸟被罩在网笼当中而被捕捉。拉网也需要由人拉动绳索，使松散放在地上的网片闭合，从而将鸟类包裹在网中。扣网和拉网可以捕捉在地面活动的一小群鸟。

7. 自落网（drop net）

自落网主要用于捕捉猛禽。图6.1-28中的自落网是长期架在松树林中的，在两棵树之间横向拉两根铁丝，自落网的网面上端用一些金属小钩挂在上面的那根铁丝上。用于悬挂网面的小钩是用细金属丝做成的，当猛禽撞到网上时，由于猛禽撞网的冲力和猛禽自身的重量较大，使金属小钩被拉开，网面就会下落将撞在网上的猛禽包裹在里面，从而将猛禽捕获。

自落网的另外一种形式是临时悬挂在树上，这样的自落网也称吊网、丢荡网或挂网。猛禽在林中活动时，多喜欢落在平直的树枝上休息，吊网就是利用猛禽的这一特点制成的。吊网主要是由网面、网弦和网棍构成。用略粗于网面的线作为网弦，穿在一片面积和网目合适的网面四边。其中，下边的网弦穿在下层的网目中，固定在一根比较直的木棍上，两边的网弦穿在两侧的网目中，上边两角的网目连有一个小铁环，一同穿在两边的网弦中，网拉起后，在铁环下方的网弦上

图6.1-28 架设在树林中的自落网 摄影：金俊

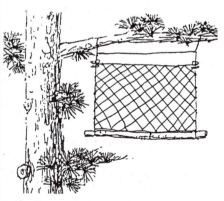

图6.1-29 吊网 图片来源：全国鸟类环志中心编，《鸟类环志技术规程》

插入一根软硬适中的羽毛，阻止网下落。

当猛禽把网棍当作树枝停留在上面或者是再次起飞时，容易触动网，使插在铁环上的羽毛从中滑落，网面落下将鸟捕到。此外，猛禽在林中穿飞时也能直接触网被捕。吊网可以放置在猛禽经常活动的树林中，挂在树杈上或者是两棵树之间，网棍要尽量放平。在一片树林中可放置几十块甚至数百块。利用吊网可以捕捉除雕类等大型猛禽之外的各种猛禽，尤其适合捕捉鸮类、小型鹰类和隼类。

8.围网（encircle trap）

围网通常是由4片网围成方形，留出一个缺口，形似城堡，也称为城网。网的中间放诱饵，引诱空中飞过的猛禽俯冲下来，撞到网上而被捕获。诱饵可以使用活鸟，例如斑鸠、家鸽等，将诱饵用绳子绑住，通过一根纤绳从围网的缺口穿出，由环志人员在隐蔽处控制。当空中有猛禽飞过时，环志人员应拉动纤绳，使围网中作诱饵的鸟扇动翅膀，引起猛禽注意，从高空冲下来落入网中。

图6.1-30 围网 摄影：金俊

9.炮网（cannon net）

炮网也称抛射网，是利用小型火箭筒牵拉大型网以捕捉鸟类的工具。炮网主要有网具、小型火箭筒、发射架、火药包、起爆装置和引爆器等部分组成。炮网不仅可以捕捉鸟类，也可以捕捉大型的兽类，是很实用的野外工具。根据捕捉对象的不同可以采用不同网目大小的网面。炮网在灌丛、滩涂等处均可使用，在捕捉雁鸭类、鸻鹬类、鹤类等鸟类时效果显著，在国外已经得到广泛的应用。

由于炮网的架设和操作比较复杂，适合在鸟类的栖息地或取食地，有大群鸟聚集的地方使用，这样可以提高捕获的效率。炮网的操作

图6.1-31 炮网发射 摄影：Clive Minton

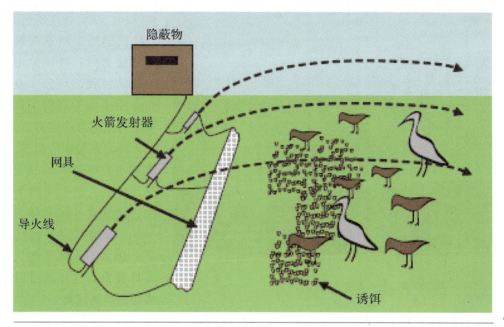

图6.1-32　炮网的工作原理示意图

图片来源：FAO. Wild Birds and Avian Influenza: an introduction to applied field research and disease sampling techniques. Edited by D. Whitworth, S.H. Newman, T. Mundkur and P. Harris. FAO Animal Production and Health Manual, No. 5, 2007, Rome.

带有一定的危险性，因此一定要由专业的人员进行操作。为了提高炮网的捕获效率，在使用炮网时还可以用食物或诱鸟作为诱饵，吸引目标鸟类前来。

10. 其他捕捉工具

以上介绍了一些鸟类环志中比较常见的捕捉工具，其他国家和地区用于环志的鸟类捕捉方法还有很多种。此外，各地区民间还流传着五花八门的捕鸟技艺，以及各式各样的捕鸟工具，其中也不乏构思巧妙、制作精良的好工具。搜集和了解这些捕鸟的工具和方法，可以为我们在环志工作中高效捕捉鸟类提供借鉴和参考。以下再介绍几种制作简单，但非常有效的捕鸟工具。

（1）环套（loops）

环套有很多种类型，主要的原理是用环套将鸟的颈部或跗蹠部套住，鸟的脚或头较大，往往很难再从环套

图6.1-33　演示用环套捕捉猛禽　摄影：赵欣如

图6.1-34
用于捕捉天鹅的脚环套　摄影：赵欣如

中脱出，从而将鸟捕获。

夜间捕捉栖息在树上的猛禽时，可以使用一种葫芦状的环套。夜间，用手电等照明工具发现树上栖息的猛禽后，把大环套在猛禽的颈部，注意不要碰到羽毛使它受到惊吓。然后突然下拉，使猛禽的颈部套入小环。小环的环口比较窄，猛禽的头部不能从环口脱出，这样就可以成功地捕到猛禽。

使用图6.1-34中的脚环套曾经成功地捕捉到一只天鹅。用鱼线制成的这一列脚环套是固定在一根绳索上的，当天鹅走过这些经过海带伪装的环套时，跗蹠被套住。由于天鹅的脚掌具蹼，很难从环套上脱出，这时环志人员趁机冲过去，将天鹅捕获。

（2）天鹅钩（swan hook）

天鹅钩的主要部分就是一个弯成"U"字形的金属钩，可以固定在一个长柄上使用。在天鹅换羽期间，环志人员可以驾驶摩托艇接近天鹅，使用天鹅钩钩住天鹅的颈部，将天鹅捕获。这项技术虽然能比较有效地捕捉到天鹅，但是难度较大，还具有一定的危险性，因此必须是技术熟练的人员才能使用。

图6.1-35 天鹅钩　图片来源：http://www.aiproject.org

（二）诱捕鸟类的用具

各种捕鸟工具在使用的时候，需要确保能有鸟进入到工具的捕捉范围之内。选择合适的地点架设网具固然十分重要，但是如果同时采取一些诱捕的措施，则会使捕鸟的效率大为提高。

1. 食物和水

食物和水是鸟类生存所必需的，对于多数鸟来说是十分有效的诱饵。在各种捕鸟工具的周围投放食物和水，可以吸引鸟类前来取食，从而逐步进入网具的有效捕捉范围内；有些诱饵是放置在各种陷阱内部的，当鸟类啄食食物的时候，就会触动机关，将鸟关在陷阱当中。

图6.1-36　放在拍网上的诱饵　摄影：金俊

图6.1-37　野鸭和鸮的模型　图片来源：http://www.wheatear.biz

图6.1-38　飞行姿态隼的模型　图片来源：http://www.wheatear.biz

2. 鸟体模型

在网具周围摆放各种鸟的模型，可以吸引同种鸟类个体前来，是很有效的诱捕工具。目前人们能够制造出各式各样惟妙惟肖的鸟类模型，无论从大小、形状到颜色，甚至是身上的斑纹都能模仿得十分相似，真假难辨。

有些模型制作成鸟类飞行的状态，可以使用一个小电动机作为动力，用线牵引着假鸟模型在空中盘旋，产生动态的效果，更加容易引起空中飞行着的鸟类注意。

3. 诱鸟（媒鸟）

在环志过程中，有时也使用训练好的真鸟做为诱饵，这些鸟被称为诱鸟或媒鸟。将关着诱鸟的鸟笼悬挂在网具周围，诱鸟的鸣叫声能招引同类个体前来，并且对非同种鸟也有一定的招引作用，这种方法在雀形目鸣禽的捕捉过程中是十分有效的。诱鸟的使用能显著提高黄喉鹀（*Emberiza elegans*）、田鹀（*Emberiza rustica*）、白头鹀（*Emberiza leucocephalos*）、燕雀（*Fringilla montifringilla*）、白眉鹀（*Emberiza tristrami*）、普通朱雀（*Carpodacus erythrinus*）、北朱雀（*Carpodacus roseus*）、锡嘴雀（*Coccothraustes coccothraustes*）、红胁绣眼鸟（*Zosterops erythropleurus*）等鸟类的网捕量。此外，捕捉猛禽的过程中也经常使用诱鸟，如斑鸠、家鸽等，这些诱鸟通常是猛禽的捕食对象。当猛禽在空中发现它们时，就会从空中俯冲下来捕食，这时就容易被事先设置好的网具或陷阱捕到。

4. 鸟鸣录音

在没有足够诱鸟的情况下，播放事先录制好的鸟类鸣声辅助网捕的效果也很好。使用鸣声招引鸟类，需要经过一定的尝试。如果有大群的鸟上网，应先关掉录音机，避免环志人员不能及时处理。在鸟类栖息地内以录音招引鸟类，不宜架设太多的鸟网。此外，在繁殖期一般不使用鸣声招引。

5. 口哨

模仿鸟类的鸣声也是诱捕鸟类的有效方法。通过模仿鸟类的鸣声，可以将鸟招引过来。在使用假鸟模型的同时用各种哨子模仿它们的鸣叫，可以使那些假鸟模型变得更加栩栩如生，收到更好的效果。

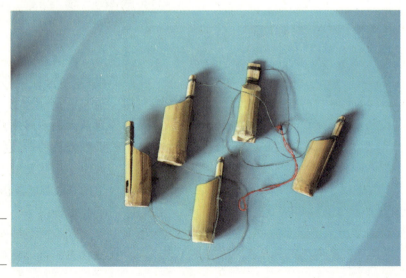

图6.1-39
吸引涉禽用的竹哨
摄影：章克家

6. 灯光

夜间环志及鸟类迁徙研究是我国鸟类环志工作的一个特色，我国环志人员在云南巍山鸟道雄关、无量山南涧、湖南隆回县"打鸟坳"等多处开展过夜间鸟类环志工作。很多鸟类具有夜间迁徙的特性，因此捕鸟的工作可以安排在夜间进行。夜间捕鸟的过程中主要利用灯光对鸟类进行诱捕。捕鸟的时间通常选择在夜黑，没有明亮的月光或星光，有雾，并且鸟类逆风迁徙的日子。捕鸟时，要迎风支网，并在网后布设灯光。由于迷雾和逆风，迁徙的鸟类会降低高度，遇到灯光或火光就会循光而至，撞入网中。夜间迁徙鸟类的趋光特性很早就被当地的居民发现，并利用这一特性打鸟，在候鸟迁徙的路线上出现过多处"打雀山""打鸟坳"以及"鸟吊山"等集中打鸟的区域。现在，这些地区居民的捕鸟经验可以为环志人员借鉴，用于有效地开展鸟类环志工作。

（三）保存和运送鸟类的工具

通常情况下，在网场捕捉的鸟类，会被暂时装在专门的鸟袋里保存，然后运送到鸟类环志站的工作室中进行环志。鸟袋由透气性较好并且容易清洗的布制成，袋口穿细绳，用于将袋子扎紧，以免袋中的鸟在运送过程中逃逸。鸟袋的缝合线通常露在外面，这样可以减低鸟的脚趾被缝鸟袋的线挂住的可能性。鸟袋有大小不同的几种规格，用于盛装不同体型的鸟。在环志过程中，可以对几种优势鸟种确定装鸟专用袋，这样一看鸟袋即知道袋内鸟种，便于环志人员分类进行上环和登记。

国外有些环志站、点使用结实的纸袋运送鸟类，纸袋通常只用一天，甚至会在使用的过程中根据需要随时淘汰。环志人员用不同颜色的夹子夹住袋口，通过夹子的颜色将鸟根据环志时需要使用的鸟环的型号进行分类。

图6.1-40 布制鸟袋 摄影：金俊

图6.1-41 纸质鸟袋 图片来源：Powdermill Avian Research Center Banding Station Protocol .Revised January 2006

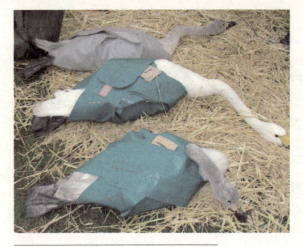

图6.1-42　环志过程中束缚大型鸟类的尼龙搭扣夹克
摄影：Taej Mundkur

在短时间内捕获量很大、鸟种单一的栖息地环志捕捉鸟类时，可以使用鸟箱。有时也可以用养鸟的笼子代替鸟箱，但必须用深色的布将鸟笼罩住，使笼内光线黯淡，以减少鸟的惊恐冲撞。

对于一些特殊类群的鸟，在保存和运送过程中，有时需要设计专门的工具。例如有些

图6.1-43
穿着"鹰背心"的猛禽躺在专用木箱中　摄影：赵欣如

环志站使用图6.1-42中这类尼龙搭扣夹克将捕获到的大型鸟类束缚起来，避免鸟类逃脱或过分挣扎以致受伤。

在猛禽环志过程中，也需要将猛禽有效控制住。在运送猛禽的时候可以使用专门的木箱。图6.1-43中猛禽被用"鹰背心"束缚好后，放入了中间带有隔断，四周打孔的木箱当中，以便安全地运送到其他地方。

（四）鸟类环志工具

不同规格的鸟环要选用相应的环志专用钳来固定。我国鸟类环志使用的环志钳分为大小两把，大号钳适用G到Q型鸟环；小号钳适用A到F型鸟环。当鸟环磨损严重或是出现差错不得不从鸟腿上取下时，可以用卸环钳。在没有专用卸环钳的情况下，也可以采用图6.1-45中的方法卸除鸟环。

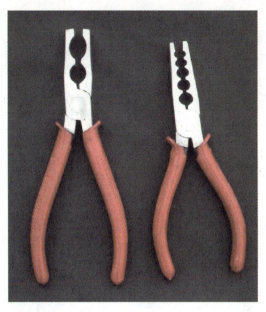 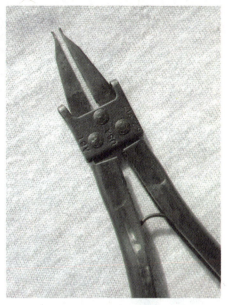

图6.1-44 环志钳和卸环钳 摄影: 金俊

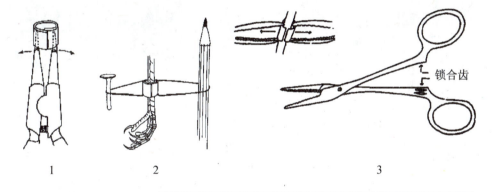

1　　　　　　　2　　　　　　　　　　　　　3

图6.1-45 卸除鸟环的方法 1. 用卸环钳卸环 2.牵拉式卸环 3.用手术止血钳卸环
图片来源: 全国鸟类环志中心编,《鸟类环志技术规程》

(五) 鸟体测量的工具

鸟体测量是环志记录中的一项重要工作。在鸟体测量过程中, 需要记录鸟的体重、体长、头长、头喙长、翅长、尾长及附蹠长等基本数据, 常用的工具包括秤、钢尺和游标卡尺。

1. 称量体重的工具

由于一些小型鸟类的体重有时仅为几克至十几克, 为保证测量的精确度, 国内经常使用戥子进行称量。国外环志站有时使用质量计或电子天平来精确称量。

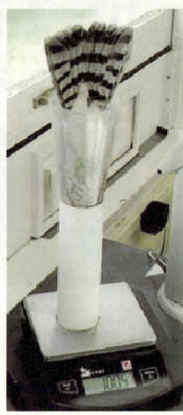

| 1 | 2 | 3 |

图6.1-46　测量鸟类体重的工具 1.戥子 2.质量计　摄影：金俊　3.电子天平
图片来源：Powdermill Avian Research Center Banding Station Protocol. Revised January 2006

在图6.1-46的3中，我们可以看到国外的环志人员设计了一个特别的装置放在电子天平上。这样的圆锥体是用软塑料片制成的，可以安全地控制住小到一只蜂鸟，大到一只猛禽的各种鸟类，从而使环志人员能够便捷、准确地进行称量。

2. 测量长度的工具

专用钢尺主要用于测量鸟的体长、翅长、尾长等。如果没有专用钢尺，选择一般钢尺也可，注意要使用0刻度起始于尺头的尺子。

头长、头喙长、嘴峰长，以及附蹠的长度需要测量得更加精确，此时

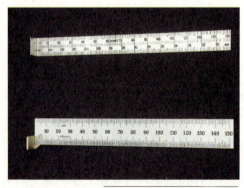

图6.1-47　专用钢尺　摄影：金俊

就要使用游标卡尺了。电子式游标卡尺精度较普通游标卡尺高。国外有些环志站，为避免鸟类在测量过程中受伤，使用特制的塑料游标卡尺。

图6.1-48　普通游标卡尺　摄影：金俊

图6.1-49　电子式游标卡尺　摄影：金俊

（六）工具参考书

为保证环志工作的规范和准确，还要准备必要的参考书：如郑作新先生的《中国鸟类系统检索》和全国鸟类环志中心颁布的《鸟类环志培训手册（试用本）》，遇到问题随时查询。

图6.1-50　鸟类环志工具书　摄影：金俊

第二节

鸣禽及攀禽的环志

鸟类的分布很广，它们生活在不同环境条件之中，在结构、生理、习性方面，有着各自的特点，形成了各种生态类群。按鸟类的生活环境和形体特征，可以将我国的鸟类分为游禽、涉禽、陆禽、猛禽、攀禽和鸣禽六大生态类群。其中鸣禽和攀禽体型较小，有迁徙行为的种类和数量繁多，是鸟类环志中的主要对象。本节内容专门介绍鸣禽和攀禽的环志方法，以下三节将重点介绍猛禽、游禽和涉禽的环志。至于陆禽，由于其体态特征适合在地面行走，飞行能力通常不强，并且很少有迁徙行为，在此就不做专门介绍了。

鸣禽与攀禽的体型较小，多数喜欢在植被茂盛的地方活动，如树林、苇塘等处。鸣禽与攀禽的环志过程中，通常采用雾网进行捕捉，方法简单有效。与其他类群的鸟类如猛禽或游禽相比，在我国每年鸣禽与攀禽环志总体数量较多。

一、鸣禽与攀禽的捕捉

要对鸟类进行环志，首先需要捕捉它们。有效地捕捉到鸟，是鸟类环志的第一步。在候鸟比较集中的繁殖地、越冬地或者是迁徙中途的停歇地布设鸟网捕鸟是最常用的方法，下圈套、设陷阱也是行之有效的方法。捕鸟的方法和工具有很多种，捕捉鸣禽和攀禽最常用的方法是使用雾网进行网捕，下面就以此为例介绍环志鸟的捕捉方法。

（一）布网

在野外布网时，先要根据需要选择规格适合的网（网的面积、长宽比例、网目直径和网的颜色），还要注意鸟类比较活跃的时间是清晨和傍晚，要适时到达布网地点。网场一般选择在鸟类经常活动、来回飞翔的地点：水边、农作物和植物种类比较丰富、层次较多的空地上。最好选暗的背景，不容易被鸟发现，能提

图6.2-1　环志人员在调整支好的雾网　摄影：金俊

图6.2-2　调整好的网兜　摄影：金俊

高网捕效率。在有风的天气里迎风布网要让网面正对着风的来向，避免雾网被风吹向一端，不能成兜。风力超过3~4级不宜使用雾网。

布网时先固定一端网杆，拉开网后根据网的长度和纲绳的松紧度确定另一端网杆的具体位置。在网杆中部靠上系钎绳（线绳等没有弹性的细绳），通过钎绳牵拉来调节网杆与地面的角度。钎绳的另一端绑扎在小树、树枝、草茎等低处，力量以既能保持网杆竖直，又能保持一定牵拉力为好。雾网初步打开后，有些网面会粘连，注意要将网面全部打开。同时，还要注意不要让网与地面的突出物如草丛、灌丛等接触。展开网面后，还要对网兜稍作整理，才能提高捕获率。最低处的网兜应与地面保持一定距离，避免坠入网兜的鸟被草地上的露水浸湿，或者被在地面上活动的蛇、蜥蜴、鼠等动物伤害。雾网支好后的状态应该是两边网杆竖直垂于水平面，网面在一个平面内，各个网兜基本等大。

布网时，还要注意布网数量要与环志人员的人力资源相匹配，不要因为布网

图6.2-3　架设在稻田中的雾网　摄影：金俊

图6.2-4　用GPS对网场进行卫星定位　摄影：金俊

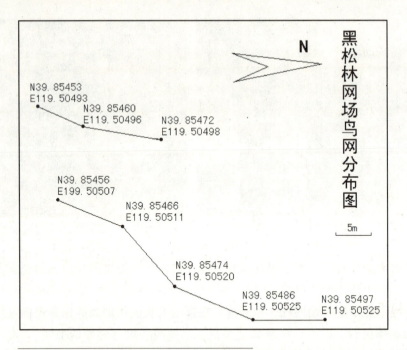

黑松林网场鸟网分布图

N

N39.85453
E119.50493
N39.85460
E119.50496
N39.85472
E119.50498

N39.85456
E199.50507
N39.85466
E119.50511

N39.85474
E119.50520

N39.85486
E119.50525
N39.85497
E119.50525

5m

图6.2-5 根据GPS对网场的卫星定位数据画出的鸟网分布图

过量或者鸟群集中落网时不能及时处理，造成鸟的不必要伤亡。网布好后，要测量网片的拦截面积和网场的定位。这是环志中容易被忽略的数据，这些数据在环志研究工作中都具有很重要的参考价值。

（二）巡网

网一旦架设好，就意味着环志工作正式开始了，环志人员必须保证定时巡视网场。每次巡网要保证将所有布设的网都查看到，尤其注意不要遗漏那些坠入底层网兜中的鸟。

晨昏是鸟类活动的高峰，在这时要加大巡网密度。日落后至少安排一次巡网，避免鸟入网后悬挂一夜造成伤亡。夜晚巡网时还要注意及时摘除挂在网上的蝙蝠和长有咀嚼式口器的昆虫，避免这些小动物把网线缠绕成团甚至咬断。其他

图6.2-6 环志人员及时清理网上杂物 摄影：梁烜

口器的昆虫可以留在网上用来诱捕夜间活动的食虫鸟类。当发现网上有其他杂物，如落叶等也要及时清除。

气候异常时，最好不要布网，如遇高温天气，鸟落网后容易死亡，要增加巡网次数。大雨时必须收网，小雨时可继续网捕，但需一直观察或加大巡视频次，摘鸟时需保持双手干燥。低温季节落网的鸟也容易死亡，同样要加大巡网频次。风力超过4级，原则上不宜架网捕鸟。巡网时要随时关注天气变化，遇到不良天气情况，应及时收网，暂时停止捕鸟，以免造成鸟类伤亡。

（三）解网

网场布好后，静等鸟儿飞来自投罗网是件很有意思的事。一旦有鸟撞网，环志者就要迅速、安全地摘取被网住的鸟，即解网。解网是指从雾网上安全、迅速取出上网鸟的过程和技巧。优秀的环志人员一般具有良好的视力和稳定而触觉敏锐的手指，通常还具有耐心和平静的性格，容易激动和慌张的人，一般不适于操作雾网。初学者应反复练习，才能掌握安全解网的技术。

面对突然落网，拼命挣扎的鸟，激动之余，手忙脚乱地摘取，很容易弄得鸟伤网破。如果我们掌握了解网的一般顺序和动作要领，无论鸟的身上缠绕的网线有多少都能很快解开，获得事半功倍的效果。

1. 解网的一般程序

解网时要注意从鸟的身体被缠绕得最少的部分入手，按照一定的顺序进行操作。一定要记住鸟是张开双翼向前飞着撞入网中的，因此解网就是将这一过程反转过来。首先判断鸟入网的方向；其次观察鸟在网中缠了几层，应顺序解开；再观察鸟在网兜内转了几圈，应小心转回。完成上述动作后，摘鸟时应用图6.2-7中所示的常规环志抓握法使鸟不再挣扎，然后按照足（趾）、尾、翅、颈、头的顺序将鸟摘下，当然，具体情况要具体分析。

判断鸟入网的方向对于顺利解网是非常重要的。在开始处理一只落网的鸟之

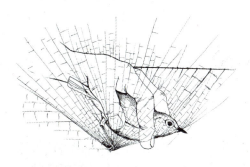

图6.2-7 抓握陷入网中的鸟
图片来源：Safring bird ringing manual

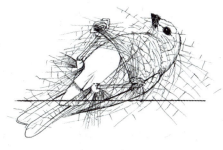

图6.2-8 找到鸟的腹部
图片来源：Safring bird ringing manual

前，首先要判断鸟是从哪一面撞入网中的。如果鸟已经被网线缠绕住了，如图6.2-8所示，找到鸟的腹部那面，可以帮助我们正确地判断出鸟入网的方向。

在解网之前，我们可以通过观察判定鸟是怎样被网捕捉到的，以及哪部分最容易解开。有些情况下，可以把雾网本身作为工具来解网——围绕网中的鸟，慢慢将网展开，能够让鸟通过自己抖动身体从网上解脱出来。这时需要注意鸟随时可能从网上解脱，如果出现这种情况，要用手轻轻地，迅速而牢固地将鸟盖住，然后转换为安全的抓握鸟的姿势。

如果鸟已经被网线缠住，判断出鸟入网的方向后，就要按照顺序逐步解网。这时，左手持鸟并控制住鸟，右手操作摘取。首先要摘出鸟的足趾。具体方法是先将后趾摘出，顺势退出其余的几趾。想要解开足趾内的网线，可以让鸟的腿伸直，这时鸟紧握的足趾会自然松开，轻吹鸟腹部也能促使足趾松开。如果网线缠绕较紧，可以用中指和拇指轻而牢固地捏住跗蹠近趾部位，以另一手的食指和拇指轻轻反复搓动网线，一般即可解脱。然后，分离开腿部缠绕的网线，尾部一般会自然脱开，可以用手握住鸟的跗间关节（不能过度用力抓握），将网线向翅部分离。

图6.2-9 解脱出鸟的足趾 摄影：金俊

图6.2-10 分离开腿部的网线 摄影：金俊

解除翅部网线时，先用手指探出所有绕在翅膀上的网线，左手仍然持鸟并控制住鸟，另一只手将缠在一只翅上的网线解脱，左手再以环志抓握法抓住鸟体，将另一只翅膀解脱。最后是把所有绕在头上的网线顺着鸟喙的方向摘出，无论缠绕的网线有多少，用这种方法都能安全快捷地摘取。解脱头部时，更应小心谨慎，避免猛拉网线，造成一些网线缠住鸟颈，造成鸟的窒息；有时鸟喙或舌会钩挂网线，也不能猛拉网线，应小心向回解脱鸟喙的勾挂。有时解脱鸟的一刹那，鸟会猛然挣扎，或逃走或重新落入网内，因此要注意握鸟的规范手法。

图6.2-11　解脱翅部　摄影：金俊

图6.2-12　解脱头部　摄影：金俊

2. 解网过程中需要注意的问题

在网上摘取鸟时要注意处理好鸟与鸟网的关系，在实际操作过程中要注意以下几方面问题。鸟是先陷入网兜，然后才被网线缠绕住，因此在解网时先要将网兜打开，然后再根据鸟被网线缠绕的状况逐步解网。当抓握住鸟开始解网时，要注意不要把鸟拽得离网太远，这样会使网线绷得过紧，不仅不容易把鸟解下来，反而容易使鸟受伤。此外，还

图6.2-13　全部解脱　摄影：金俊

要注意始终让鸟保持自然的状态，不要把鸟的翅膀拉伸或弯折到不自然的位置，同时不要让网线对鸟的颈部造成不必要的压力。解网时随身携带一把小剪刀，必要时可以剪断一两根网线，如绕在鸟舌的分叉处的网线，以及勒在鸟受伤部位的网线等，以减少和避免对鸟的伤害。

在摘鸟的过程中，要对鸟的状况进行评估。绝大多数鸟健康状态良好，网捕通常对鸟不会造成太大影响。然而，解网的人员应该始终警惕鸟处于不适当的压力及受伤状态的信号，这样的鸟应该优先摘取，甚至在网场不做环志处理就直接放飞。

如果巡网时发现有多只鸟挂在网上，需要按一定的顺序来摘取。首先摘那些容易将舌头钩在网线上的鸟，避免鸟在挣扎过程中造成对舌头的伤害。接下来，处理那些体型较大的鸟，因为它们可能并未真正被网线缠住，随时有可能逃脱。扫视整个网面，如果发现有靠得很近的鸟，至少先解下其中的一只，避免它们在网上互相啄伤。剩下的鸟当中，可以先从那些容易越缠越紧的鸟开始解，对于那些相对安静，不怎么挣扎的鸟可以暂时让它们待在网上。在其他条件相同的情况

下，先从位于网底部的鸟开始，逐渐向上解脱每一只鸟，这样可以避免将位于底部的鸟遗漏掉。

摘取下来的鸟要放在事先准备出的鸟袋里，系紧袋口，避免鸟的出逃。将鸟放入鸟袋时，应采用规范的环志抓握方法，将鸟的头部和鸟体大部完全送入鸟袋后，再顺势将鸟体全部放入，注意避免鸟爪勾挂鸟袋袋口。安放鸟时，也要尽可能避免对鸟的任何损伤，一般是挂在胸前或是挂在背阴的树枝上。

国外有些环志站的工作人员在解网时采用先解脱鸟类身体的方法，而不主动解脱鸟的足趾。他们发现当鸟的翅和头部从网上解脱出来，获得自由时，鸟自身就会想要离开雾网，从而将足趾松开，使开始看起来缠绕得很紧的足趾从网线中脱出。他们认为这种方法能够更加安全、迅速、有效地将鸟从雾网上摘取下来。我们在解网的过程中，也可以根据实际情况对这种方法加以尝试。

3. 一些特殊情况下的解网技巧

解网时可以随身带一根木质（塑料的更好）牙签。使用牙签可以更加迅速和容易地将缠在鸟足部和翼羽上的网线解下来，但使用时一定要注意不要让牙签的尖端伤到鸟。因此，在解脱鸟的头部时，如果不是特别有必要，尽量不使用牙签。

有些鸟的舌头后面带有一个分叉，当它们被网捕后试图啄网的时候，舌头会被网线缠住，这样的鸟一定要优先处理。为了减低网线拉力，很重要的一点就是把鸟身体的其他部分尽可能地固定住。遇到这种情况，如果有可能最好由两个人共同操作，其中一个人保护好鸟的腿和身体，另外一个人用牙签轻轻地把网线从鸟的舌头上挑下来。有时，需要先把鸟的腿从网上松开，避免它们拉扯网线，对头部造成太大的拉力。如果解网的时间较长，或者鸟的舌头已经出血了，可以用剪刀剪断一两根网线。要特别注意将剪断的网线全部取下来，而不能套在鸟的舌头上或被鸟吞咽下去。

有些鸟会出现翅膀被网线紧紧地绑在身体上的状况，这通常是当鸟飞入网中时翅膀滑入网目的结果。当网线进一步缠绕到鸟的翼角时，翅膀会被缠得更紧。遇到这种情况时，可以将网轻轻地向鸟身体侧面拉开，这样就能慢慢地将鸟的翅膀展开，同时稍微向前移动以减轻网的张力。使用牙签从翅膀下面挑网线也会很有效。

有些鸟不仅仅是紧紧抓住网线，而是将腿完全穿过了网目，导致网线沿着腿缩上去，紧紧地勒在身体上。如果只有一条腿穿过了网目，可以从对侧的翅膀开始解网，接下来松开头部和另一个翅膀。这时，就可以轻松地将网线从鸟的腿和足上褪下来了。在比较罕见的情况下，鸟的两条腿都穿过了网目，这就先要判断一下哪条腿更容易松开，从这条腿开始解网，然后继续解开身体的其他部分（按照对侧翅膀—头—翅膀—另一条腿的顺序）。

在掌握一定技术手法的情况下，大多数鸟都能被比较容易和迅速地从网上解下来，但是那些被网缠得特别紧的鸟需要受到格外关注。通常这是由于鸟的挣扎导致它们在网上发生旋转或者是在一个网兜里陷入后多次包裹缠绕，特别是在底层的网兜或者是网的末端。解决这类挑战性问题的关键在于开始解网时要先仔细地判断鸟是怎样撞入网中的，接下来要想出怎样才能反向将鸟取出的办法。

有时候，由于它们用脚抓住网，或者头部从网目中穿过去，导致有些鸟不仅是被它们落入的网兜缠住，同时还被下层的网兜缠绕着。如果一只鸟看起来被缠得很乱，在开始解网之前要先检查一下它是否坠入两层网兜，并且要确定始终应该从第二层网兜先开始解网（也就是说后缠上的网应该先解开）。

由于我们用于网捕的雾网网目比较小，大一些的鸟，它们的头或翅膀通常不会穿过网目被缠住。因此，它们能有力地从网上挣脱并且在网上荡来荡去。这时，网兜就有可能被打开得足够大，导致它们飞走。如果看到一只体型较大而且缠绕得不是很紧的鸟，须赶紧跑过去，用手控制住网兜把它兜住，避免它逃脱。通常情况下，如果这只鸟已经基本上从网兜上松开了，一只手采用环志的抓握方法就可以很轻松地将鸟摘取。

有些鸟啄起人来会非常疼，例如伯劳和蜡嘴雀，这就需要做好被偶尔啄咬一下的准备——在这种情况下要避免做出自然的反应（例如突然将手缩回躲闪等），以免对鸟造成伤害或使鸟逃逸。与其他的鸟相比，在处理这类鸟的时候，最重要的是要有信心并且始终很好地控制住鸟。如果在解网的时候，始终用环志的抓握手法稳定住鸟，它们就很少有机会啄到人了。

有的鸟在人手中显得很放松，而另一些鸟则会不时地蹬几下腿试图逃脱，尤其是像麻雀、山雀、攀雀这类的鸟。它们的意图当然是想挣脱，但是如果这时它们还被网缠绕着，这样的挣扎最终会导致鸟的翅膀、腿或身体的其他部位处于过度的拉力之下。尽管如此，需要注意的是这时出于本能而将鸟紧紧抓住并不是一个好办法，因为这对鸟来说是很危险的。比较理想的方法是在解网的过程中始终保持持鸟的手要虚握且牢固而稳定地抓握着鸟。此外，在摘鸟的操作过程中，有些种类的鸟会持续挣扎或阵发性挣扎，对此情况应有心理准备。

（四）收网

当一个阶段的环志工作结束时，需要将网收好。收网的工作也不能轻视。收网时，首先将雾网下部的横纲从一级网杆顺次移到二级网杆，松开绑扎在二级网杆上的钎绳扣，拔下二级网杆，顺次收拢横纲。将固定雾网最高的横纲扣松开，收拢横纲。然后，拿住一侧的二级网杆，向另一方逐步收拢雾网，将另一侧横纲收好，将二级网杆合拢。在合拢时，操作者应握紧雾网的折叠处，防止滑脱。将

图6.2-14 收拢网面，清除杂物 摄影：金俊　　　　　图6.2-15 捆好网和网杆 摄影：金俊

雾网顺势叠好，注意不要叠成死扣，随时清理粘在网上的树叶或小树枝。将4根网杆合拢好，用留在一级网杆上的绳子将网杆捆好。用手绢将雾网和2根二级网杆一起包裹好，系在杆上，便于以后的使用。如果操作得当，一张网可以反复使用很多年。

有时，在环志过程中，由于一些特殊的原因，也需要暂时将网具收起来。例如，遇到持续下雨或雨下得比较大的天气，为避免撞入网中的鸟淋湿受冻，可以将网收拢至网杆中部，待雨停后再打开继续捕鸟。遇到刮大风的天气，为避免大风将网具损坏，也需要及时收网。此外，如果遇到鸟类迁徙的高峰，大量的鸟集中撞网，而环志人员人手不足，无法及时处理时，也应该适当收起一部分网，减少网捕的数量，避免鸟的伤亡。

二、鸟的保存和运送

鸟一旦从网上摘取下来，通常就要分别放入专用的鸟袋当中运送到环志工作站点进行环志。装鸟的鸟袋或其他装鸟的容器应该放置在阴凉通风的地方，并尽可能缩短保存鸟的时间。一旦上环和数据收集的相关工作完成，就要尽早将鸟放飞。

（一）鸟袋的使用

使用鸟袋保存和运送鸟类，有一些基本的规则需要特别注意：

不要把装有鸟的鸟袋放在雾网的网兜当中，因为这样会增加对网兜的拉力，使网上其他的鸟更不容易解下来。

每一只鸟都应该单独装在一个鸟袋里，倘若现场的情况说明确实有必要打破这条规则，一定要将同种的鸟放在一个袋子里。对于那些格外好斗的种类，就必须始终分开放置。

应当设计建立一个管理系统，使在不同时间、地点捕捉到的鸟能够按照一定的顺序排队等候处理。队列中的每个鸟袋应该按顺序妥善放置好，并且能够系统化地逐个被取走、环志、放飞。身体状况不佳、受伤的鸟、体型较小的鸟、幼鸟、重捕到的鸟或者是繁殖期及育雏期的雌鸟应优先处理，以减少意外情况的发生。

不要一次运送太多的鸟，避免将体型大而沉重的鸟与体型小的鸟一起运送。在运送鸟的过程中要尽量减少鸟袋的来回摇摆晃动，并且要特别注意不能把装着鸟的鸟袋撞到其他物品上，更要避免装着鸟的鸟袋在灌丛中拖来拖去。

千万注意别把装有鸟的鸟袋放在可能被人踩踏到的地面上；别把装有鸟的鸟袋放在可能有人坐的椅子上；别把装有鸟的鸟袋放在有可能被遗忘的地方；别把装有鸟的鸟袋放在水面上方，即使只是暂时放置也不行；别把装有鸟的鸟袋放在桌子之类的平板上，避免鸟在挣扎过程中掉下去而摔伤。总之，要万无一失地避免鸟在鸟袋中被踩、压、摔的情况发生。

环志站内应设有悬挂鸟袋的钩或杆，在野外可选择结实的树枝悬挂鸟袋，鸟袋应该悬挂在离地面足够高的地方，注意避免阳光直射或食肉动物伤害。

鸟袋中的鸟被取出之后，应该将鸟袋翻转过来，清理落在鸟袋中的羽毛、粪便以及其他碎屑残渣，保持鸟袋的清洁卫生。

在打开鸟袋取鸟之前，要先检查鸟在袋中所处的位置，如果鸟已经攀到袋口了，就得先轻轻地让鸟落回到袋子底部，再打开鸟袋将鸟取出。

经常清洗和检查鸟袋，发现鸟袋接缝处开线或磨损，要及时修补。

图6.2-16　鸟袋悬挂在专门的木架上　摄影：赵欣如

（二）鸟的急救措施

在保存和运送的过程中，如果发现鸟出现意外情况，应及时进行救助。在始终保持规范操作的情况下，环志对鸟造成伤害的现象很少发生。然而，有时鸟在网上会彼此伤害，甚至伤到它们自己。有时网上的鸟会被伯劳或猛禽袭击。有

图6.2-17 饲喂水 摄影：金俊

时，在周围受伤的鸟会被人们送到环志站、点，因此环志人员应该掌握基本的鸟类急救和治疗方法。

如果鸟在网上停留时间较长，会因日晒或挣扎导致身体缺水。因此，刚从网上摘取下来的鸟，要及时饲喂清水，然后尽快放入鸟袋让鸟处于安静状态，使其恢复体力。对于一些在网上受轻伤的鸟，应尽快将鸟摘取下来，检查伤口周围是否还缠绕着网线，然后对伤口进行简单的处理。如果受伤情况不严重，可以让鸟自行恢复；如果认为有必要，也可以在伤口上涂抹少量抗感染的药物，例如红霉素药膏等。所有受伤的鸟，确认它能独立生活了才可环志放飞，要对鸟受伤的情况做详细的记录，努力做到使每一只放飞的鸟能安全、正常地生活，以期得到回收的信息。

（三）鸟的保存

正常情况下，每只鸟从网上解脱下来，到环志后放飞的整个过程尽量不要超过1个小时。如果有太多的鸟等待环志，而环志人员不够，则要适当减少网捕的数量，例如收起一些网，减小网的拦截面积。天气情况比较恶劣，过于寒冷或过于炎热时，保存鸟的时间要相应缩短。

但是也有一些例外的情况。如果在接近黄昏的时候捕捉到的鸟，在天黑前还没有完成环志和测量工作，或是在天黑之后才捕到的鸟，可以考虑保留到第二天早晨。留在环志站、点过夜的鸟，要做好防范工作，确保它们处于通风良好，彼此分隔，互不干扰的环境中，清晨天亮后要及时将它们放飞。

三、鸟的环志

（一）鸟的抓取和持握

如果有条件，最好将鸟送到环志站、点的工作室或工作台进行环志，也可根据环志站、点的具体情况在网场周围就地开展环志工作。进行环志时，要按顺序从挂鸟袋的架子上拿起一个鸟袋，把鸟从鸟袋中取出，用正确的手法将鸟安全稳定地握在手中，然后再进行环志操作。

从鸟袋中取鸟时，先要从袋外抓住鸟，然后一只手从袋口伸进去，把鸟取出

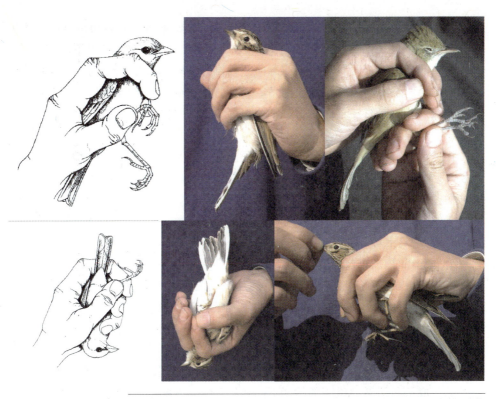

图6.2-18　环志过程中各种握鸟的手法 图片来源：Safring bird ringing manual　摄影：金俊

来。如果遇到长喙鸟或者是喙比较锋利的鸟，就要先用手固定住鸟喙后再取出，避免被鸟啄伤。

鸟取出来后，用食指和中指夹住鸟的脖颈，从鸟的背部抓握鸟，拢住鸟的双翅，用食指和中指轻夹住鸟的颈部，使鸟的双脚悬空露出，手心虚空握住鸟的身体，不要抓握太紧，以免影响鸟的呼吸甚至损伤内脏，尽量让鸟处于比较舒服的状态，就可以进行鉴定和测量了。

在手持鸟进行操作的过程中，有一些需要注意的问题：

要将鸟握得松紧适度，既要避免鸟在操作过程中逃脱，也要避免对鸟的身体造成压力。如果鸟被握得太紧了，它们的呼吸就会受到限制，进而出现吃力地喘气的现象。初学环志的人由于担心鸟会逃脱，经常使劲地握住鸟而给鸟造成了太大的压力。吃力地喘气是鸟的呼吸受到限制的警告信号，这时鸟的气管或气囊可能受到了过度的压力。呼吸受到限制可能很快导致鸟的伤亡。因此，环志人员应该随时观察手中鸟的呼吸状况，一旦发现警告信号应及时将手适度松开。在鸟类繁殖季节，要尽量避免对鸟的腹部造成压力，因为雌鸟的输卵管中可能已经携带着鸟卵。

有些鸟会在手中不停挣扎，拼命拍打翅膀，并使劲将头向后扭。这些鸟不能握得太松，不仅是因为它们可能逃跑，还因为挣扎会使它们在操作过程中受伤。当展开鸟的翅膀检查时，要特别注意防止鸟剧烈扇动翅膀造成骨折，防止鸟翅膀的肌肉拉伤。不要用力过猛地拉扯鸟的翅膀，如果确实需要鸟展开翅膀，要轻轻地自然地展开，同时注意保持手掌干燥，因为如果手是湿的，会很快打乱羽毛的顺序，使检查更加困难。

将鸟转移给其他人的安全方法是把鸟重新放回鸟袋。另外一种方法是捏住鸟的胫骨，另外一个人用环志的抓握方法将鸟握住。在两个人之间交接鸟还可以用一只手捏住鸟喙，轻轻牵拉，使鸟的头颈部向前伸，另外一个人顺势用环志手法将鸟握住。

（二）给鸟上环

给鸟上环时，首先要选择合适的鸟环。全国鸟类环志中心根据我国鸟类跗蹠实测数据的分析归纳，设计出15种不同规格的鸟环，环志人员可以按照表6.2-1中的建议选择鸟环。此外也可以根据实际测量的数据确定鸟环的型号。具体的方法是在鸟跗蹠部的上端、中间和下端三个位置测量最粗部位的数据。鸟的跗蹠部通常是卵圆形的，要测量从前向后的最大值。根据测量数据，选择直径比测量得到的最大值略大一点的鸟环进行环志就可以了。即使同一种鸟，不同个体也是有差异的。成鸟和幼鸟的跗蹠部厚度不同，幼鸟的跗蹠有时比成鸟的细一些但要按成鸟的数据选环，有时也可能比成鸟的粗。因此，如果发现全国鸟类环志中心推荐的鸟环型号对要环志的鸟不是非常合适，可以根据实际情况更换鸟环。

鸟环要上在鸟的跗蹠部，也就是鸟的腿骨和趾骨之间的部分。给鸟上环时一定要使用环志钳，这样才能使鸟环的闭合符合要求。闭合好的鸟环既不能太紧，也不能太松。上好的鸟环应该能沿鸟的跗蹠部上下移动，并且能够转动，但同时又不能松得从关节上滑过，太紧或太松都要将环取下重上。鸟环的接缝处应该完全闭合好，不留缝隙；接缝处还应该没有重叠，也没有明显的折角。鸟环上成这样才算合格，怎么才能做到这些要求呢？

给鸟上环时，一般左手以环志抓握法握住鸟体，用拇指和食指捏住鸟的右腿。左手将鸟环套在鸟的跗蹠部，用右手拿环志钳（惯用左手的环志人员可以用左手拿环志钳）闭合鸟环。或用左手的拇指和食指扶住鸟的右脚，再使用环志钳衔住鸟环直接在鸟的右跗蹠部闭合鸟环。不同型号的鸟环，要放入环志钳上相应的钳孔，钳口要与鸟脚相互垂直，轻轻用力，夹到环口闭合；再将环志钳转90°，使环口与钳开口成垂直位置，彻底把环压紧。如果鸟环已经完全闭合好了，上环的工作就算完成了。如果鸟环的接口还有缝隙，就要把环志钳再次转过90°，轻轻地用力将环压紧。上环时也可以先把对应的环放进环志的钳适当钳孔，并与环

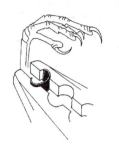

图6.2-19　用环志钳给鸟上环
图片来源：Safring bird ringing manual

图6.2-20　检查鸟环上得是否合格　摄影：陈曦

志钳的开口方向一致，用环志钳把环套进鸟右侧跗蹠部位，然后闭合鸟环，在环志过程中千万注意不要夹伤鸟脚。

　　如果鸟环上得太紧或者是鸟环的接口处重叠起来，就需要用卸环钳把它卸掉重新环志。此外，在环志过程中，如果发现重捕的鸟携带的鸟环已经磨损得比较严重，也需要将环卸掉换上一个新环。一定不能让鸟带着一个不合适的鸟环被放飞。卸除鸟环是一件非常麻烦的事，而且也容易给鸟带来伤害，避免卸环最好的办法就是在第一次给鸟上环的时候认真仔细地完成好这项工作。

　　对幼鸟进行环志可以随之确定鸟的出生地和年龄，是十分有意义的工作。但是如果操作不当，有可能对幼鸟造成严重伤害。因此，在环志幼鸟时一定要十分小心，天气状况不好时不要对幼鸟进行环志。由于鸟种不同，在确定对幼鸟进行环志的最佳时间上有很大差异。

　　对于大多数雀形目的幼鸟来说，环志最好在幼鸟孵出后5~8天内进行，这时幼鸟的眼睛已经睁开，羽毛可能才露出羽芽，还是针状而没有展开。如果幼鸟的羽毛已经萌发出来了，这时就不要再对幼鸟进行环志，因为这个阶段环志容易导致幼鸟从鸟巢中四散逃出（即"炸窝"）而受伤。在只有一个鸟巢的情况下，可以用一块黑布把鸟巢遮盖起来，每次从黑布下面拿出一只幼鸟进行环志，完成后尽快再换一只，用这个办法可以避免幼鸟受惊后"炸窝"。有些种类的鸟，在5日龄之前进行环志也是可以的，但最好将鸟环涂黑，以免亲鸟在清理鸟巢时把鸟环误认为是粪便，连同小鸟一起扔出巢外。

　　在对早成雏（幼鸟才孵出后很快就能离巢）时需要特别注意。像沙鸡、鹬鸻之类的陆禽以及雁鸭类的鸟，幼鸟的后肢没有长到足够大之前不宜进行环志，因为这些鸟的跗蹠部从幼鸟到成鸟的过程中一直在不停生长。而鸻鹬类的涉禽的幼鸟在孵化当天就可以环志，这时它们的腿已经相当发达，事实上已经跟成鸟的腿差不多粗了。

表 6.2-1 中国鸟环规格型号及适合鸟种

型号	内径 (mm)	厚度 (mm)	宽度 (mm)	周径 (mm)	开口 (mm)	适 用 鸟 种
A	2.0	0.5	4.5	6.3	2.5	家燕、金腰燕、毛脚燕、短嘴山椒鸟、棕眉山岩鹨（黄点颏）、黄眉[姬]鹟、白眉[姬]鹟、红喉[姬]鹟、山蓝仙鹟、棕腹仙鹟、灰[姬]鹟、方尾鹟、白尾鹟、北灰鹟、斑胸钩嘴鹛、白喉林鹟、灰纹鹟、稻田苇莺、日本树莺、鳞头树莺、黄腰柳莺、棕腹柳莺、黑眉苇莺、矛斑蝗莺、黄眉柳莺、极北柳莺、金眶鹟莺、暗绿绣眼鸟、银喉[姬]鹛、黄喉鹛、黑喉石䳭、棕头雀、长尾山雀、山雀、煤山雀、栗鹀、小云雀、小沙百灵、灰山椒鸟、金翅雀、戴菊、红胁绣眼鸟、小鹀;
B	2.5	0.5	5.0	7.9	2.8	金腰燕、白鹡鸰、黄鹡鸰、山鹡鸰、黄头鹡鸰、树鹨、棕眉山岩鹨、寿带、红嘴蓝鹊、红喉歌鸲（红点颏）、蓝歌鸲、蓝喉歌鸲（蓝点颏）、北红尾鸲、斑背大尾莺、巨嘴柳莺、小蝗莺、苍眉蝗莺、白腹蓝[姬]鹟、红喉鹟、红胸鹟、黑喉石即鸟、棕头鸦雀、金翅雀、普通苇莺、大山雀、黄腹山雀、沼泽山雀、煤山雀、杂色山岩鹨、褐头山雀、长尾雀、燕雀、田鹀、栗鹀、芦鹀、苇鹀、普通朱雀、白眉地鸫、黄喉鹀、三道眉草鹀、灰头鹀、白头鹞、铁爪鹀、黄眉岩鹀、小鹀;
C	3.0	0.5	5.0	9.4	3.0	棕三趾鹑、须浮鸥、白额燕鸥、阔嘴鹬、白腰草鹬、环颈鸻、剑鸻、燕鸻、蚁䴕、小斑啄木鸟、星头啄木鸟、星头啄木鸟、蒙古百灵、凤头百灵、田鹀、林鹨、灰背伯劳、红尾伯劳、灰背伯劳、牛头伯劳、赤红山椒鸟、赤尾噪鹛、白头鹎、红喉歌鸲、黑喉歌鸲、栗腹歌鸲、灰背鸫、蓝矶鸫、蓝䳭、白尾鹆劳、淡脚柳莺、厚嘴苇莺、东方大苇莺、北灰鹟、栗耳鹀;
D	3.5	0.6	6.0	11.0	3.5	小田鸡、花田鸡、黑又尾海燕、黑叉尾海燕、铁嘴沙鸻、翻石鹬、林鹬、矶鹬、勺嘴鹬、阔嘴鹬、漂鹬、尖尾滨鹬、湾嘴滨鹬、黑腹滨鹬、灰瓣蹼鹬、白翅浮鸥、普通燕鸥、白喉针尾雨燕、楼燕、戴胜、蚁䴕、虎尾海燕、棕背伯劳、黑额伯劳、黑枕黄鹂、北灰鹟、白腹鹟、灰背鸫、锡嘴雀;
E	4.0	0.7	7.0	12.0	4.0	黄脚三趾鹑、斑胁田鸡、金眶鸻、灰斑鸻、彩鹬、红胸鹬、泽鹬、青脚鹬、小青脚鹬、大滨鹬、红腹滨鹬、孤沙锥、黑尾塍鹬、斑尾塍鹬、小杜鹃、白背啄木鸟、大斑啄木鸟、翘嘴鹬、乌斑啄木鸟、赤翅夜鹰、普通夜鹰、红翅凤头鹃、四声杜鹃、棕腹杜鹃、大杜鹃、中杜鹃、绿啄木鸟、灰头啄木鸟、三宝鸟、戴胜、白腰雨燕、黑枕黄鹂、发冠卷尾、斑头大翘鼻麻鸭、黑卷尾、楼燕、黑头蜡嘴雀;
F	5.0	0.7	7.0	15.0	5.0	黄脚三趾鹑、鹤鹬、白腰杓鹬、鹬、白翅浮鸥、扇尾沙锥、孤沙锥、松雀鹰（雄）、黄脚隼、燕隼、灰头麦鸡、普通夜鹰、红翅凤头鹃、中杜鹃、白背啄木鸟、绿啄木鸟、紫啸鸫、灰翅鸫、虎斑地鸫、光背地鸫、白眉地鸫、松鸦、灰喜鹊、灰草鸫、斑头大鹎、发冠卷尾、白腹地鸫、斑啄木鸟、白腹鸫、橙头地鸫;

续表

型号	内径(mm)	厚度(mm)	宽度(mm)	周径(mm)	开口(mm)	适 用 鸟 种
G	6.0	0.7	10.0	18.7	6.0	扁嘴海雀、绿鹭、黄苇鳽、水雉、凤头麦鸡、灰头麦鸡、栗背田鸡、蓝胸秧鸡、斑肋田鸡、花尾榛鸡、赤腹鹰、松雀鹰（雄）、红隼、红脚隼、灰背隼、燕隼、黑翅长脚鹬、反嘴鹬、中杓鹬、林鹬、丘鹬、黑嘴鸥、红嘴鸥、小杓鹬、火斑鸠、普通夜鹰、红角鸮、东方角鸮、鹰鸮、大斑啄木鸟、蓝翡翠、松鸦、星鸦；
H	7.0	0.7	10.0	22.0	6.4	白额鹱、紫背苇鳽、黄苇鳽、白胸苦恶鸟、黑水鸡、董鸡、山斑鸠、绿翅鸭、雀鹰（雌）、白腰杓鹬、红腰杓鹬、鹬、丘鹬、红角鸮、鹰鸮、纵纹腹小鸮、斑头鸺鹠、小鸦鹃；
I	8.0	1.0	10.0	25.1	7.8	角䴙䴘、绿鹭、小白鹭、赤颈鸭、普通秋沙鸭、罗纹鸭、鸳鸯、白头鹀、黑尾鸥、灰背鸥、银鸥、山斑鸠、领角鸮、大嘴乌鸦；
J	10.0	1.0	10.0	31.4	10.0	小䴙䴘、黄嘴白鹭、大白鹭、牛背鹭、夜鹭、斑头秋沙鸭、针尾鸭、赤麻鸭、毛脚鵟、灰脸鵟鹰、猎隼、游隼、灰背隼、短耳鸮、长耳鸮、灰林鸮、长尾林鸮、林雕；
K	12.0	1.0	13.0	37.6	12.0	白斑军舰鸟、黑脸琵鹭、普通鸬鹚、黑脸鸳鸯、栗树鸭、斑嘴鸭、翘鼻麻鸭、中华秋沙鸭、斑嘴鸭、翘嘴鸭、白眉鸭、白骨顶、白额雁、小白额雁、普通鵟、棕头鸥；
L	14.0	1.0	13.0	44.0	15.0	信天翁、白鹮、黑鹮、苍鹭、大麻鳽、黑鹳、大鸨、蜂鹰、苍鹰、大鵟、白肩雕、长尾林鸮、褐林鸮、雕鸮；
M	18.0	1.0	13.0	56.5	20.0	凤头鹈鹕、短尾信天翁、黑脚信天翁、黑鹳、鸿鹄、草原雕、草鹭、苍鹭、豆雁、白琵鹭、斑头雁、绿喉潜鸭、红头潜鸭、红喉潜鸟、苍鹰（雌）、草原雕、鱼鸥；
N	22.0	1.0	15.0	69.0	21.5	斑头鸬鹚、东方白鹳、蓑羽鹤、黑颈鹤、白头鹤、小天鹅、灰雁、金雕、玉带海雕；
Q	26.0	1.0	15.0	81.6	25.0	疣鼻天鹅、大天鹅、斑嘴鹈鹕、白枕鹤、丹顶鹤；
R	3.5	0.5	4.0	11.0	4.4	普通翠鸟、小杜鹃；
S	6.0	0.6	6.0	18.7	6.0	鹰鹃、中杜鹃。

在繁殖地环志幼鸟时需要非常谨慎。在繁殖地对幼鸟进行环志的方法用于鸥、燕鸥、鹭、琵鹭及鸬鹚的研究中，这些鸟类通常成群繁殖，有集中的育雏领地。在没有受过专门培训的情况下，环志人员不能在鸟的繁殖地对幼鸟进行环志。

四、鸟体测量

在鸟类环志过程中，可以根据研究工作的需要测量和收集多项鸟类生物学数据。鸟类的喙长、头喙长、附蹠长、翅长、尾长、体长、体重，这些都是鸟类分类的基本数据，也是检索的重要依据。鸟体测量的数据可以用于区分相似种以及同种鸟的不同亚种、判定鸟的性别、研究幼鸟生长速率、研究鸟类飞羽和尾羽换羽及磨损、研究鸟类个体体重变化情况，为候鸟迁徙研究提供重要数据等。鸟体测量对鸟类学研究具有重要的科学价值和意义。以下是鸟类环志过程中，通常需要测量的数据。

（一）体重（weight）

环志测量应首先称量鸟的体重，方法是先称量鸟和鸟袋的重量，其他操作结束后再称量鸟袋重量，即可得到鸟重。

称量鸟的体重有多种方法，可以使用杆秤、弹簧秤以及电子天平等。如果是把鸟放在鸟袋里称重，需要注意称量过程中由于鸟在袋中活动，可能会从秤盘中滑落摔伤。

鸟的体重是一项非常不稳定的数据，一天当中，鸟的体重会有很大变化。日间活动的鸟，在黎明时体重最轻，黄昏时最重，而夜行性的鸟体重变化的规律恰好是相反的。因此，记录给鸟称重的具体时间是非常重要的，最好使用24小时的记录方式。

（二）喙长（culmen length）

鸟的喙长也就是嘴峰的长度。一般鸟的喙长是由喙尖量至喙与颅骨接合处，鸬鹚类和其他长喙鸟类是从喙尖量

图6.2-21 称量体重
摄影：金俊

图6.2-22　量至喙与颅骨结合处
图片来源：Safring bird ringing manual

图6.2-23　量至喙基着生羽毛处
图片来源：Safring bird ringing manual

图6.2-24　测量喙长　摄影：金俊

到喙基着生羽毛处，猛禽类是从喙尖量到蜡膜前缘，蜡膜单独测量。在测量喙长的时候，一定要非常小心，避免伤到鸟的面部及眼睛。因此，最好使用游标卡尺，而不用圆规。喙长的测量应该精确到0.1mm。测量时，先把游标卡尺打开到略为超过喙长一点的范围，将卡尺的左侧脚尖端轻轻地顶在鸟喙与颅骨的接合处，这个部位通常是长有羽毛的。然后，再慢慢地将卡尺的右侧脚合拢，直到鸟喙的最前端触到了卡尺的右侧脚尖端，拧紧制动螺母，进行读数。

（三）头喙长 (head–bill length)

头喙长有时也称为"头全长"，测量鸟的头喙长，是从鸟的枕部到喙尖的长度。测量时一方面要注意将鸟头部羽毛略为压实，找到颅骨的后缘再开始测量；另一方面在测量时注意要将卡尺对准鸟喙的尖端，但不要压得太紧，否则会由于

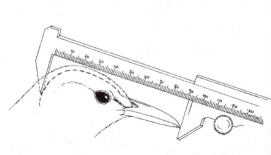

图6.2-25　测量头喙长　图片来源：Safring bird ringing manual　摄影：金俊

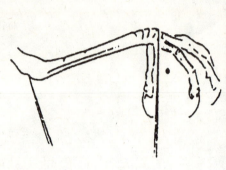

图6.2-26 测量跗蹠长 图片来源：Safring bird ringing manual 摄影：金俊

鸟喙具有一定弹性而导致测量的数据偏小。

（四）跗蹠长（tarsus length）

鸟类跗蹠的长度在同种鸟中差异很小，对鉴定鸟种有重要作用。跗蹠长是从胫跗骨与跗蹠骨关节凹陷处到跗蹠骨与中趾关节前最下方整片鳞片的下缘的距离，中、大型鸟类则是到中趾基部的距离。这项数据实际上测量的就是鸟跗蹠骨的长度，应该精确到0.1mm，因此要用游标卡尺进行测量。在实际操作过程中，如果没有很好地把握测量的正确位置，跗蹠长度的测量容易出现较大的误差。

（五）翅长（wing length）

让鸟的翅膀处于闭合状态并与身体的轴线平行，用轻柔的力将飞羽压向量尺，翼角对齐零刻度，最长的初级飞羽所指示的刻度值就是翅长（中等长度测量法）。鸟的翅膀结构可并不简单，除了外侧初级飞羽之外，整个鸟的翅膀也是一个拱形的结构。翅长有三种量法，分别是自然测量法、中等长度测量法和最大长

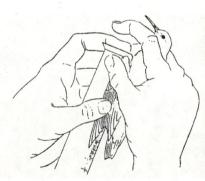

图6.2-27 测量翅长 图片来源：Safring bird ringing manual 摄影：金俊

度测量法。自然测量法就是让鸟的翅膀处于闭合状态，并与身体的轴线平行，量取从翼角到最长初级飞羽所指示的刻度位置。中等长度测量法是让鸟翅膀状态同上，以轻柔的力量将初级飞羽压向量尺，此时初级飞羽所指刻度位置就是中等长度。最大长度测量法是让鸟的翅膀状态同上，除了压平初级飞羽，还应沿尺的方向将最长的初级飞羽捋直，整个过程应用拇指紧按翅膀。

翅长的测量应精确到1mm。在测量翅长时最容易出现的问题是没有让鸟的翅膀尽可能地贴近身体，并处于自然的状态，这将会导致测量的数据不准确。当鸟的初级飞羽由于换羽脱落后没有完全长出时，就暂时不要测量翅长了。

（六）尾长（tail length）

测量尾长最简便的方法是将直尺插在尾羽和尾下覆羽之间，滑至尾综骨处，读取最长尾羽尖端的刻度值。尾长的测量精确到1mm即可。有些鸟的尾部是圆形的，有些是叉形的，测量尾长时要注意沿尾羽长轴中线测量，取最长尾羽的数据

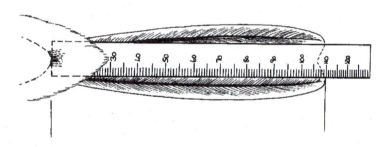

图6.2-28 测量尾长 图片来源：Safring bird ringing manual

（最长尾羽羽端至尾羽中轴的垂直交汇点）。尾羽在鸟的飞行过程中有重要作用，测量时要注意避免折损鸟的尾羽。

（七）体长（body length）

鸟的体长是处于自然伸展状态时，从喙尖到尾端的长度。

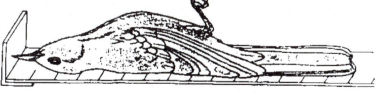

图6.2-29 测量体长 图片来源：Safring bird ringing manual 摄影：金俊

测量时需要注意的是尽量使鸟处于自然伸展状态，挤压或拉长会使读数产生较大的误差。体长的测量要精确到1mm。

以上7项数据是全国鸟类环志中心使用的环志记录表中需要填写的内容。此外，根据具体研究工作的需要，在鸟类环志过程中还可以测量和记录其他一些数据，例如国外有些环志站还要求测量鸟喙的宽度、厚度，鸟的脚趾和爪的长度，以及翅式（wing formula），等等。翅式是指精确至毫米地测量出的每一枚初级飞羽的长度，以及每一枚初级飞羽与最长的一枚初级飞羽之间的比例关系。翅式的测量通常用于鸟的鉴定，尤其是一些鉴定起来比较困难的种，例如柳莺。

五、鸟的鉴定

（一）鸟种鉴定（species identifying）

在对环志的鸟进行记录时，我们先要做的是使用鸟类图鉴和检索表鉴定鸟的种类。环志过程中对鸟进行分类鉴定，主要依据外部形态特征，同时还需结合生态和分布的情况，综合分析，加以鉴定。

在鉴定过程中，要认真观察鸟类的外部形态特征并注意使用鸟体测量的数据。例如鸟喙的形状和长短，跗蹠与趾的特征以及所被覆的鳞片形态和数目，飞羽（特别是初级飞羽）的数目和形态特征，尾羽的数目和形态特征，体形，鸟体各部分的量度和特征，鸟体各部分的羽色和羽饰特征，裸皮的颜色等。

在鉴定时，首先可以根据鸟类图鉴、鸟类志或教科书等相关资料确定所鉴定鸟类的目和科。然后再按检索表逐一核对鸟的特征，并仔细与附图比较，最后再核对分布区及专著中的有关描述。如果所鉴定的鸟和所查的各项特征都符合，那么这只鸟就可以认为经过初步鉴定了。

鸟种鉴定十分重要，环志人员对于鸟种的识别能力的提高，需要不断实践，不断积累。

（二）性别鉴定（sex identifying）

判定环志鸟的性别和年龄也是环志技术中的难点，需要有丰富的经验。正确掌握环志鸟性别鉴定的方法对鸟类环志工作有很高的价值。环志过程中为避免对鸟造成伤害，对环志鸟的性别鉴定只能通过外部形态特征来判断。以下特征常可用作判断鸟类性别的依据。

1. 羽色

有些鸟雌雄个体具有不同的羽色，可以据此判断鸟类性别。例如雁形目鸭科大部分种类，鸡形目大部分种类，以及雀形目某些种类为雌雄异色。

2. 孵卵斑（brood patch）

在鸟的繁殖期，对于形态、大小相近的雌雄鸟，我们可以从孵卵斑上来辨别鸟的性别。除个别种类如营冢鸟、巢寄生的杜鹃等以外，处于繁殖期的亲鸟腹部

图6.2-30
红喉歌鸲（*Luscinia calliope*）雌鸟
（左）和雄鸟（右）颏喉羽色差异明
显 摄影：蔡益

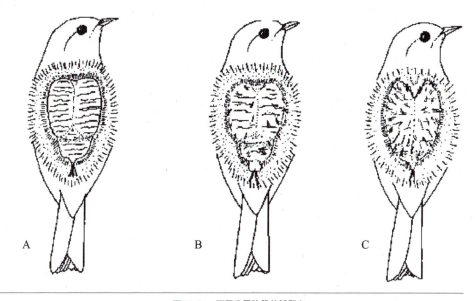

图6.2-31 不同发展阶段的孵卵斑
（A）完全进入育雏期的雌鸟 （B）开始进入育雏期的雌鸟 （C）非育雏期的状态
图片来源：Pyle, P., Identification Guide to North American Birds,Part 1, Bolinas, California,Slate Creek Press. 1997a. p.732

羽毛脱落露出皮肤，形成孵卵斑。由于多数鸟类为雌鸟孵卵，因此可以初步判定
有很明显孵卵斑的个体为雌性。但有时雌雄鸟均参与孵卵，因此可能都有孵卵
斑；或者是雄性个体孵卵，如彩鹬、瓣蹼鹬、三趾鹑等。因此，以孵卵斑来判断
性别也要十分慎重，在做出判断之前，环志人员还应该充分了解该种鸟的繁殖
习性。

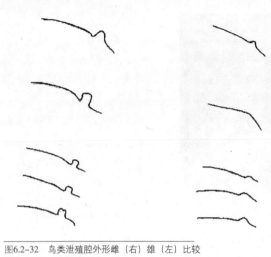

图6.2-32　鸟类泄殖腔外形雌（右）雄（左）比较
图片来源：Safring Bird Ringing Manual

3. 泄殖腔外形 (cloacal shape)

很多雀形目鸟类可以通过泄殖腔外形来判断性别，雄鸟的泄殖腔外形呈球状凸起，而雌鸟的泄殖腔向尾部逐渐收窄，并且泄殖腔口常常处于敞开状态。

这一鉴别特征对于识别处于发情期的个体极为有效。很多种类也可以在其他季节以此来判断性别，有些种类甚至可以判别当年的幼鸟。

4. 个体大小

有的鸟类两性个体有着显著的差异，可以据此判断鸟类的性别。在雀形目，若两性个体大小有差别，一般情况下雄鸟比雌鸟大。鸟的翅长是最常用的鉴别大小的标准，此外其他的测量值如尾长、全长、体重等也是十分重要的参考数值。

以鸟体测量的数值判断性别时要注意：比较自己的测量方法与文献上的方法是否相同，参考文献上的测量值可能取自标本，所以其数值会因标本的干燥而缩小，与活体测量值比较时，应注意这一差异。在测量过程中，有时会遇到一些超越正常界限的鸟类个体，对于这种情况，一定要在量过一定数量的鸟后，才能借最高值与最低值来表示正常的个体变异范围。测量值最好只针对某一特定群体的鸟类，因为同一种鸟类不同的地理分布型有可能产生一定的差异。测量时要考虑到羽毛磨损的程度，如果磨损得很厉害，可能会使量度不准确，从而导致错误的判断。

（三）年龄鉴定 (age identifying)

年龄鉴定是鸟类环志研究中的一项重要技术，同时也是环志工作中的重要问题之一。对于环志鸟年龄的识别，一般只是对不满一年的幼鸟和比幼鸟年龄大的成鸟之间的辨别。对于一些性成熟比较晚的种类，如果能分辨出第二年和第三年的亚成体，对于环志来说也是十分必要的。

准确鉴定环志鸟的年龄，可以对成鸟和幼鸟不同的迁徙行为、迁徙时间、迁徙路线、成幼比例、鸟类寿命生命表等多方面进行深入的研究，因此年龄鉴定对环志研究具有十分重要的意义。一般来说，不可能找到鉴定所有鸟中年龄的适用标准，一些成鸟与幼鸟之间所表现出的不同特征，可以作为环志鸟年龄鉴定的依据。

1. 羽毛特征 （feather characteristics）

有些鸟类幼鸟羽色不同于成鸟，可以作为年龄判断的依据。一般而言，由于幼鸟廓羽，特别是在颈部、背部和尾下覆羽的羽小钩很小，所以幼鸟羽毛比成鸟显得柔软和松散。幼鸟的覆羽和飞羽通常比成鸟的要略为尖和狭窄，平均长度也较短。幼鸟翅下覆羽生长较晚，即使离巢很久，翅膀下往往还有裸露的皮肤。

从羽毛形状上看，有些种类的幼鸟在孵化后第一年冬天保留了部分或全部的尾羽，幼鸟的尾羽一般较窄而末端较尖，而成鸟的尾羽较宽、光泽好、末端较圆。但某些成鸟会因过度磨损，而显现出与幼鸟尾羽特征相似。所以，根据尾羽磨损程度判定年龄的方法通常仅作为其他判别方法的佐证。

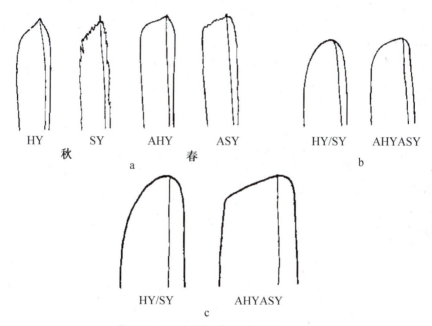

图6.2-33　不同年龄的鸟的尾羽外形特征

(a) 秋季孵化当年的鸟（HY）与孵化第二年的鸟（SY）的尾羽比较；春季孵化一年后的鸟（AHY）和孵化两年后的鸟（ASY）的尾羽比较。　(b, c) 孵化第一年和第二年的幼鸟和孵化一年或两年后的成鸟的尾羽比较。

图片来源: Pyle, P. , Identification Guide to North American Birds,Part 1, Bolinas, California, Slate Creek Press. 1997a, p.732

2. 羽毛磨损 （feather wear）

鸟类的羽毛总是暴露在外，由于飞行的缘故容易磨损和撕扯，羽毛的尖端和边缘会因磨损而变得破烂凹凸，羽毛表面失去光泽，颜色发生转变，如纯灰变得灰褐，红棕变为灰棕色，黄褐色变为白色等。换羽前磨损得比较厉害的羽毛为：尾羽，特别是中央尾羽；三级飞羽；外侧长初级飞羽；大部分的翼覆羽，特别是内侧的大覆羽；最长的尾上覆羽；冠和背上的羽毛。以上六类最容易磨损的羽毛中，尾羽的磨损程度可以作为某些种类年龄判别的指标，至少在秋季环志时，可

a   b

图6.2-34　成鸟（a）和幼鸟（b）翼羽比较 图片来源：http://www.powdermill.org/

以作为指标之一。因为，此时期内幼鸟的尾羽一般要比成鸟磨损得更严重。

同一种鸟的尾羽磨损情况会因孵出的早晚、地区环境的差别等因素而有差异。有时也会因为捕捉时在笼内或鸟袋中使尾羽弄乱或损伤，此时借助尾羽来判断年龄也只能作为一种辅助的措施。

3. 生长线（fault bars）

在飞羽和尾羽上，经常可以观察到生长线。这些生长线反映了不同部位结构的差异，是羽毛生长时留下的痕迹。生长线的宽度与间距受很多因素的影响，但在总体上反映了羽毛的生长速度和新陈代谢的情况。

尾羽生长线的情况可以作为鸟类年龄鉴定的依据之一。幼鸟的尾羽是同时生长的，因此每根尾羽的带纹特征应该是相同的；而成鸟尾羽换羽时间有早有晚，尾羽上的生长线应该是不规则的。

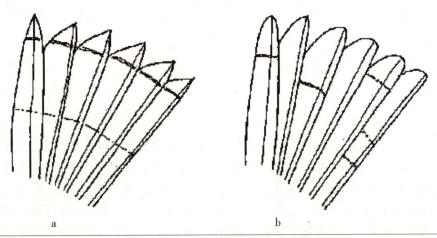

a   b

图6.2-35　幼鸟（a）和成鸟（b）尾羽的生长线

图片来源：Pyle, P., Identification Guide to North American Birds,Part 1, Bolinas, California,Slate Creek Press. 1997a, p.732

需要注意的是，鸟类尾羽更换模式很不稳定，也可能由于一些情况而导致错误判断。例如：鸟类个体因意外失去了所有尾羽，新的尾羽同时生长出来；环志鸟属于经常一次性更换尾羽的种类；不同时生长的尾羽可能凑巧形成规则的生长线。因此，用生长线判断鸟类年龄的方法并非适用所有的鸟种，在野外工作时需加以注意。

4.头颅骨化（skulling）

雀形目幼鸟在离巢时，颅骨只是覆盖在大脑上方的单层骨片。随着幼鸟的生长成熟，头盖骨会变为双层，中间留有空间，由无数小骨柱支撑。从外表上看，幼鸟的头盖骨呈现均匀的浅红色，而成鸟由于头盖骨层间有空气，颅骨呈现白色，并且带有细白的斑点（骨层间的小骨柱）。

检查鸟类颅骨骨化程度的方法是：把鸟抓在左手中，鸟头夹在拇指和食指间，从鸟头上部吹气，把羽毛分开进行检查。检查时也可以用右手手指尖沾水将羽毛弄湿，把鸟冠部一侧的羽毛分开至颅后或眼后耳上的位置进行检查。沾湿羽毛的方法在寒冬的时候不宜使用。由于冠羽是沿着头部排列的，羽毛应该如图6.2-36所示般分开。当两列羽毛间的皮肤裸露时，可稍作沾湿，以增加皮肤的透明度。用左手的拇指和食指轻轻拉紧头皮，就可以从这里检查鸟的头盖骨颜色。检查时可以用小手电作为光源。由于鸟的皮肤具有弹性，可轻轻拉扯皮肤，在头顶滑动寻找单层骨和双层骨的分界线。夏天和初秋时应从颅骨的后方和中线附近开始检查，深秋时则应首先从耳孔上方开始。

如图6.2-37所示，从始至终完成骨化程序通常需要3~7个月的时间，有些种

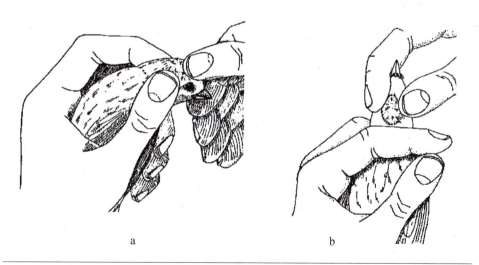

a   b

图6.2-36　检查鸟类颅骨骨化的两种抓握方法

图片来源：Pyle, P., Identification Guide to North American Birds,Part 1, Bolinas, California, Slate Creek Press, 1997a, p.732

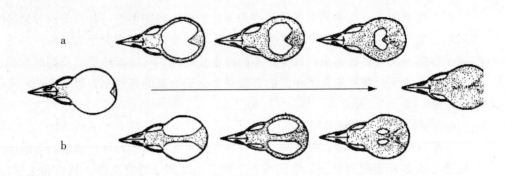

图6.2-37　两种常见的颅骨骨化形式　(a) 周边式　(b) 中线式
图片来源：http://www.life.uiuc.edu/

类骨化时间甚至更长。无论是哪种颅骨骨化形式都可以帮我们区分鸟类的成幼。在夏季和初秋时，用这种方法判断雀形目鸟类的年龄，准确性是比较高的。但是，在检查撞到窗户上的鸟或撞死在灯塔边的鸟时，必须注意这些鸟的头骨或头部皮肤可能受伤，导致皮肤与颅骨之间充血，使成鸟看起来像幼鸟。

非雀形目的鸟骨化模式变化很大，有的种类需要很长时间来完成骨化的过程，用颅骨骨化程度来鉴定鸟类年龄的方法主要适用于雀形目的鸟类。

5.鸟喙 (bill)

大部分离巢数天的幼鸟都有比较大而明显的黄色喙和嘴角，可以作为判别鸟类年龄的依据。但这个特征会很快消失。同时也要注意，有的种类成鸟也有黄色喙，因此这个方法要结合其他判断方法共同使用。

大部分鸟离巢数周内喙还未完全长成，环志人员经过一定练习后，可以根据幼鸟与成鸟喙的不同颜色和形状去判别某些种类鸟的年龄。

6. 腿和脚 (feet and legs)

幼鸟的腿和脚一般较为柔软，给人一种肉质而带点肿胀的感觉。成鸟的腿和脚质地一般比较硬且角质化，也干瘦、粗糙一些。此外，成鸟腿和脚的颜色通常比幼鸟的颜色要更深一些。

7. 虹彩 (eye colour)

夏季和初秋，幼鸟与成鸟眼内虹彩的颜色有非常明显的区别，有时可以作为核查年龄的依据之一。一般来说，幼鸟的虹彩颜色较淡，为全灰色或灰褐色，而成鸟的虹彩颜色较深而艳丽，为褐色或红褐色。能够以这一特征识别的种类有：田鹀、短翅树莺、栗耳短脚鹎、芦鹀等。幼鸟虹彩的颜色随着个体逐渐成熟而加深，成为成鸟的颜色，到了深秋或初冬时基本就无法区分了。

在检查鸟类虹彩颜色时，可以用一个聚光小手电作为光源，但是必须保证光源充足。在弱光下，多数鸟类虹彩都呈现红色，容易使检查结果出现误差。

8. 其他方法

还有一些其他方法可用于鉴定鸟类年龄，例如幼鸟大覆羽的颜色、羽缘斑和形状以及换羽的方式与成鸟有所不同，幼鸟上颚的颜色、嘴峰的形状、舌的颜色和形状在一些种类与成鸟有所不同。这些方法的使用需要环志人员在长期实践过程中积累丰富的经验，以便准确判断鸟类的年龄。

六、其他生物学数据收集

（一）换羽（molt）

换羽是鸟类重要的生物学特征之一，了解换羽的时间、换羽方式等内容可以提供丰富的鸟类学信息。因此，我们在环志过程中应认真做好换羽记录。

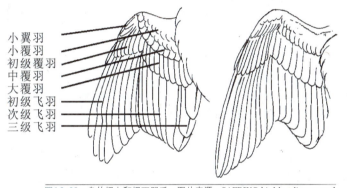

小翼羽
小覆羽
初级覆羽
中覆羽
大覆羽
初级飞羽
次级飞羽
三级飞羽

图6.2-38　鸟的翅上和翅下羽毛　图片来源：**SAFRING bird banding manual**

换羽过程分为：

O=无换羽

S=轻微换羽

A=换羽

C=换羽完成

羽毛的发育过程为：

0=旧羽

1=羽毛脱落或出现新羽管

2=新羽1/3以下生长

3=新羽1/3~2/3生长

4=新羽2/3以上完全生长，但仍残留拉直羽鞘痕迹

5=新羽完全生长

图6.2-39　正在更换的新羽与旧羽比较
图片来源：http://www.powdermill.org/

（二）脂肪度和肌肉度

1. 脂肪度（fat score）

迁徙过程中，鸟类储备大量的脂肪以
保证迁徙飞行时期的能量需求。另外，脂
肪在氧化过程中所产生的代谢水对于维持
鸟类在迁徙过程中的水分平衡也具有重要
作用。研究表明，通常情况下，雀形目鸟
类的身体脂肪含量不超过其体重的5%，
而迁徙期间其脂肪含量可占其体重的1/4，
甚至能够达到70%。鸟类在迁徙过程中能
量积蓄的状态可以用脂肪度来反映。

图6.2-40　迁徙过程中鸟类胸腹部脂肪积累
图片来源：http://www.powdermill.org/

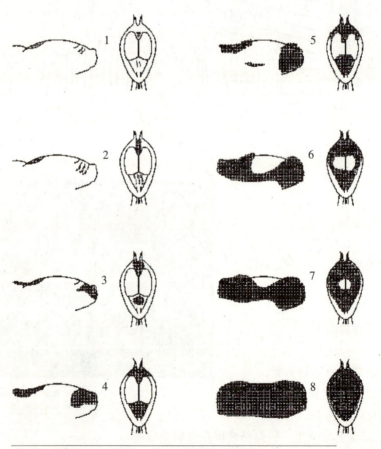

图6.2-41　脂肪度1~8级划分方法，其中灰色区域表示脂肪填充
图片来源：Manual of Field Methods of the European–African Songbird Migration Network

2. 肌肉度 (muscle score)

在迁徙飞行的最后阶段，当鸟类携带的脂肪所产生的能量不足时，肌肉组织中的蛋白质可通过分解释放能量，以保证鸟类能够到达中途停歇地。胸部肌肉的多少能进一步反映出鸟类的身体状况，尤其在鸟类处于脂肪储备较低的状态下时。

当鸟的飞行肌没有被脂肪覆盖时，可以通过视觉观察和用手指拂抹胸骨的感觉来进行胸部肌肉度的判定。肌肉度可以用0~3级来表示。

0度
胸骨锐利
肌肉量很少

1度
胸骨容易辨认，但不锐利，肌肉既不是很少，也没有包裹住胸骨

2度
胸骨仍旧清晰可辨，但是已经被肌肉轻微地包裹住了

3度
由于被肌肉完全包裹住，胸骨已经很难区分出来

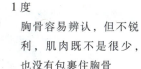

（三）鸟类寄生虫 (bird parasites)

图6.2-42 肌肉度0~3级划分方法，其中黑色区域表示肌肉
图片来源：Manual of Field Methods of the European-African Songbird Migration Network

鸟类寄生虫分为体内寄生虫和体表寄生虫两类。体表寄生虫主要包括寄生蝇、羽虱、螨、跳蚤和蜱等几类。这些体表寄生虫有些直接以鸟类的羽毛为食，例如羽虱；有些能刺破鸟类的皮肤吸血。捕食性的鸟类通常会从被捕食的鸟身上感染寄生虫。

在环志过程中，可以收集鸟类的体表寄生虫进行分析和研究，作为反映环志鸟生存状况的一项指标，寄生虫的数据对深入研究物种进化很有价值。

图6.2-43 寄生在鸟身上的羽虱
摄影：Heather Proctor

七、环志记录

在环志过程中，必须认真填写环志记录，至少包括环志鸟种、环志时间、地点、环型、环号、鸟重、喙长、头喙长、体长、翅长、尾长、环志者等。环志操作人员可以独立完成环志和记录工作，也可以由记录人员帮助填写环志记录。

图6.2-44　环志人员（左）与记录人员（右）

图6.2-45　填写环志记录表 摄影：陈曦

八、鸟的放飞

完成环志操作，核对记录卡无误后，最好就近将鸟放飞。在放飞前要先对鸟的健康状况进行认真细致的检查，如果鸟已经比较虚弱，可以在鸟的嘴角处涂抹清水，根据鸟的食性喂一些谷物或昆虫，然后把鸟放在草丛中，让鸟自行恢复体力后飞走。对于健康状况良好的鸟，可以在补水后放在掌心、干燥地面或灌木丛中放飞。

图6.2-46　环志鸟的放飞　摄影：金俊

图6.2-47　从室内放飞鸟类的装置
图片来源：http://www.powdermill.org/

　　在环志的实验室可以设置如图6.2-47的装置，将鸟直接从室内放飞出去。尽量不要将鸟从玻璃窗的窗口放飞，避免环志鸟飞回室内，或者撞在玻璃上。

第三节

猛禽的环志

　　猛禽在动物分类学上隶属于鸟纲隼形目和鸮形目。它们是鸟类中一个重要的类群。猛禽在食物链中是最高级的消费者,种群的个体数量相对较少,但其变动却对生态平衡产生着巨大影响。很多猛禽都有迁徙的行为。在我国分布的猛禽类共有2目4科88种,都属于国家一、二级保护动物。猛禽的捕捉与环志操作技术具有鲜明的特点。

　　我国东部的渤海沿岸地区,正处在猛禽的迁徙路线上,每到春秋的迁徙季节,都有数以千万计的猛禽沿海岸迁飞,其种类之多、数量之大都是世界上所罕见的。为了更多地获取猛禽的生物学与生态学信息,我国专门在山东省长岛、大连老铁山等地设立了以环志猛禽为主的环志站,用环志的方法对猛禽种群数量变化、分布、迁徙等进行研究。以下将结合山东长岛环志站的实际工作情况介绍猛禽的环志。

　　山东长岛,为环太平洋西岸、东北亚、东亚等地区候鸟迁徙的必经之路,有候鸟319种,特别是猛禽的种类多数量大,有2目4科41种和亚种。1984年,国家在这里建立"山东省长岛候鸟保护环志中心站",开始了候鸟的环志研究。到2009年年底长岛候鸟环志站成立25年之时,已累计环志各类大型猛禽7万余只,占我国猛禽环志总量的80%以上。

一、猛禽的捕捉
(一) 自落网捕捉
　　捕捉猛禽的方式有多种,目前最有效的要数这些蜿蜒布设在山头上松林间的自落网。

自落网的材质、网目大小设置都与雾网相近，只不过网片面积较小，没有纲绳，网张开时不成兜。自落网不靠网杆支撑，而是挂在两棵黑松主干间的平行粗铁丝上。每一片网，上端靠软铜丝挂钩虚挂在上方的铁丝上，网的下端固定在下方的铁丝上，网的两个上角都坠有泡桐木或铅质的坠子，一旦猛禽入网，铜丝挂钩瞬时脱钩，自落网随着两侧坠子迅速

图6.3-1 架设在林间的自落网 摄影：金俊

下落形成兜，将猛禽包裹住。即使猛禽拼命挣扎，也不会有大的损伤。为了能够捕捉到不同大小的猛禽，我们要将不同网目的自落网在林间相间排列。

图6.3-2 落入网中的雀鹰（*Accipiter nisus*） 摄影：金俊

猛禽入网后，在解网时要格外小心。我们先要固定住鸟体，不让鸟随意抓咬是关键。最有效的方式就是从后颈和肩胛骨处握住鸟体。体型较大的猛禽可由一个人双手固定，另一人负责解网。若遇到更大型的猛禽，我们先要把它夹于腋下固定，再寻求解网的办法。

由于猛禽具有尖锐的喙和爪，解脱猛禽的时候需要特别注意一些问题。不过，如果认真对待，处理猛禽的过程是相对安全的。因为猛禽的体型较大，它们一般不会被死死地缠在网上。通常情况下，它们会采取一种防御的姿势，躺在网中，尖锐的爪随时准备出击。最好的方法是首先从下方将猛禽的身体固定到合适的位置。然后将另一只手放在猛禽胸部上并迅速地沿着身体滑动，按住猛禽的腿把它们牢牢地固定在身体上。当手掌压在猛禽腿的基部时停止滑动，用手掌攥住猛禽的翅膀和尾部——这就是"冰淇淋筒"式的抓握手法。这只猛禽现在就可以很安全地从网上解下来了。

如果用雾网作为捕捉工具，需要增大网目和网片尺寸，选用高而粗的网杆；

图6.3-3 从自落网上摘取雀鹰（*Accipiter nisus*）
摄影：金俊

图6.3-4 安全持握猛禽［燕隼（*Falco subbuteo*）］的方法
摄影：金俊

网线多用尼龙线，有时也用渔线，网线线径、纲绳线径也要相应加大。这才能保证上网的猛禽无法轻易逃脱。

（二）陷阱诱捕

人们还经常利用猛禽专注于捕食而对周围环境有所忽略的特性，设陷阱来诱捕猛禽。设陷阱最好的地点是接近山顶的坡地上。在坡地较平缓处，我们用5根杆和4片网围成陷阱，陷阱里装一个带杠杆的架子，一端拴着一只斑鸠作诱饵，

图6.3-5 环志人员坐在鹰埔中守候猛禽
摄影：金俊

图6.3-6 围网和鹰埔外观 摄影：金俊

另一端有一根引线由捕鹰人牵着。在距围网20米以外的地方用山石垒一个小窝棚，俗称"鹰埔"，捕鹰人就藏匿在里面。有时人们也用树枝和草搭建鹰埔。捕鹰人在发现天空有猛禽飞过并向山坡探望的时候，就拉动杠杆，飞动的斑鸠容易引起空中猛禽的注意。急于觅食的猛禽会立即俯冲下来直扑斑鸠，结果是自投罗网。

（三）环套捕捉

在传统捕获猛禽的方式中，还有一种是用铁环套取猛禽。这种方法用于捕捉夜间栖息在树上的猛禽。用粗铁丝或钢丝做成一个"葫芦"状的环套，使用时，用手电等照明工具发现在树上栖息的猛禽后，利用手电筒的光柱做掩护，把大环套在猛禽颈部，注意不能碰到羽毛使它受到惊动，然后迅速下拉，使颈部套入小环，因环口比较窄，猛禽不易飞脱。

（四）沟捕

沟捕是古老而有趣的捕捉猛禽的方法。选择猛禽路过而且视野较为开阔的地方，挖一条长5~6米、深0.6~0.7米、宽0.25米的沟。把几只剪去初级飞羽的鹌鹑或斑鸠放进沟内作为诱饵。当猛禽在空中看到走动的鸟时，会直扑下来，进沟时并翅而入，但欲飞出沟时展不开翅，同时也很难跳出来，故被捕获。

二、猛禽的运送

为了保证所捕获的猛禽的安全，便于携带，环志站的工作人员们巧妙地利用废饮料瓶制成了这种盛放鸟的鹰篮。瓶子侧壁上还有专门挖开的孔洞，用于通气。这样捕获的猛禽就可以服服帖帖地在鹰篮内待上1~2个小时。

图6.3-7　利用旧矿泉水塑料瓶自制的鹰篮　摄影：金俊

为了在环志过程中更好地控制住猛禽，避免对环志人员和猛禽自身造成伤害，环志人员还使用民间习用的"鹰背心"。这种用布缝制的"背心"能够很好地包裹住猛禽的双翅和身体，使猛禽安静下来且不受伤。便于环志操作也便于运

图6.3-8 "鹰背心"和穿着"鹰背心"的苍鹰（*Accipiter gentilis*） 摄影：舒晓楠

输。

　　"鹰背心"下端的绳子则可以将猛禽的双腿和尾部捆扎在一起。穿上鹰背心的猛禽无法再挣扎乱动，只能安安静静地等待环志人员进行称重和测量了。

　　有时，为了让猛禽保持安静的状态，避免在运送的过程中过度挣扎消耗体力或造成不必要的伤害，我们还可以给猛禽戴上专门制作的"鹰帽子"（或称眼罩）。

图6.3-9 戴着"鹰帽子"的雀鹰（*Accipiter nisus*） 摄影：金俊

三、猛禽的环志操作

　　捕获猛禽的首要目的就是给它们戴上唯一标识自己身份的金属环。在戴上环之前，我们需要先确定猛禽的种类及性别。辨识猛禽的时候，我们要严格按照检索表中的每一项描述来辨析。

　　在鉴定猛禽种类时，有一些关键特征是环志人员需要特别注意的。例如：鹰与隼的重要区别在于隼上喙边缘有一锐利的齿突，而鹰没有。识别雀鹰的重要

图6.3-10 对照鸟类检索表鉴定猛禽的种类 摄影：金俊

图6.3-11　雀鹰（*Accipiter nisus*）的雌、雄、成、幼对比
摄影：金俊　图中从左向右依次为雀鹰的雌性成鸟、雌性幼鸟、雄性成鸟和雄性幼鸟

图6.3-12　给红脚隼（*Falco vespertinus*）上金属环
摄影：金俊

特征之一是它的第六枚初级飞羽的外翈缺失。在同种鸟中，我们要认真比对雌雄、成幼的差异，这样有助于我们将特征相近的鸟种区分开来。如果同时捕到几个相近的鸟种，我们就更应该仔细地比较，记录下它们的特征差异。

确定猛禽的种类及性别之后，就要为猛禽选取合适的金属环，开始对猛禽进行环志。

给鸟戴上金属环后，我们还要记录下环号和它们的生物学数据。和其他鸟类的环志一样，我们要测量每个个体的喙长、头喙长、跗蹠长、翅长、体长、尾长和体重。不同的是喙长测量应有两个值，一个包括蜡膜长度，另一个则不包括。喙长是上喙的喙尖到正中线长羽毛交界位置的长度。猛禽的喙多是弯钩状，在角质喙与颅骨接合处连接的是鼻孔周围柔软的皮肤，称做蜡膜。在这里我们要测出喙长的两个数据。鸮形目鸟类的喙通常都很短，测量起来难度较大。

图6.3-13　测量红脚隼（*Falco vespertinus*）的喙长：包括蜡膜（左）和不包括蜡膜（右）摄影：金俊

图6.3-14 测量红脚隼（*Falco vespertinus*）的头喙长
摄影：金俊

图6.3-15 用酒精处理被猛禽抓伤的伤口

测量头喙长时，要找准从鸟枕部到喙尖的长度。

在测量猛禽的跗蹠长度时，我们要控制好鸟体。避免鸟在挣扎中受到不必要的损伤。同时也可以有效地防止操作者被抓伤。若不小心被抓伤，应立即进行消毒处理。

跗蹠长度是一项重要的数据，在猛禽环志过程中需要特别注意确保测量的准确性。

图6.3-16 测量红脚隼（*Falco vespertinus*）的跗蹠长
摄影：金俊

鸮形目鸟类的跗蹠长度差异较大，草鸮的跗蹠较长，鹰鸮则较短。有些鸮类的跗蹠短且被羽，我们一定需找准跗蹠骨的位置，它是从胫跗骨与跗间关节凹陷处到跗蹠骨与中趾基部的距离。在隼形目鸟类辨识中，跗蹠长度有特殊用途，例如雕类的初级飞羽和次级飞羽的长度差距超过跗蹠长度，以此鉴别相近似的种类。

测量翅长要将翅膀的顶部对准直尺的0刻度，这样才能比较精确地读出长度。

图6.3-17 测量红脚隼（*Falco vespertinus*）的翅长
摄影：金俊

猛禽的尾长应有两个测量值，

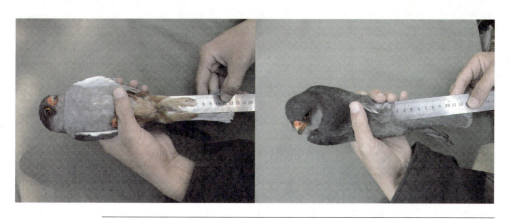

图6.3-18　测量红脚隼（*Falco vespertinus*）的尾长：腹面测量（左）和背面测量（右）　摄影：金俊

背面测值和腹面测值，只有两个数值接近相等，尾长的测量才会较为准确。

　　测量体长时，我们要注意控制好鸟喙和它的双爪，才能保证安全准确地测量。

四、猛禽的放飞

　　在所有数据记录完成之后，根据猛禽的身体状况，我们可采用不同的放飞方式。可以将环志好的猛禽放置在地面或树枝上让其自行飞走。若是鸟的体力充足，我们还可以将它们逆风向前抛出，这样它们可以借助风力迅速攀升，回到迁徙的队伍中。往空中上行抛鸟的方式不可取，容易摔伤体力较差的猛禽。

图6.3-19　测量红脚隼（*Falco vespertinus*）的体长
摄影：金俊

图6.3-20　放飞环志猛禽　摄影：赵欣如

第四节

涉禽的环志

涉禽是生活在池塘、河流、湖泊或海洋沿岸及滩涂的水鸟，主要包括鹳形目和鸻形目的鸟类，其中大部分是候鸟，具有长距离迁徙的特性。涉禽适应在各种水域的岸边生活，它们的喙、颈、后肢都较细长，适于涉水生活，从水中或滩涂上取食。

涉禽的个体相对较大，并且经常集大群迁徙，在迁徙途中会选择一定的停歇地集中取食、休息，补充能量。我国上海的崇明东滩，北戴河的东海岸，丹东等处都是东亚-澳洲迁徙路线上水鸟的中转站。在开展涉禽环志的过程中，人们会采取一些特殊的技术和方法。一方面是采用一些特殊的方法捕捉涉禽；另一方面则是环志涉禽和游禽时，除了使用金属环，还会使用彩旗或彩环等辅助性的彩色标志。

一、涉禽的捕捉

涉禽通常在各种水域及岸边栖息和取食，捕捉它们的地点主要在岸边。由于涉禽的体型通常较大，并且经常集群在岸边活动，因此除了使用雾网捕捉，还可以采用抛射网、翻网、陷阱、拍网等进行捕捉。

（一）雾网捕捉

在涉禽的环志过程中，对于一些体型较小的种类，例如环颈鸻（*Charadrius alexandrinus*）、扇尾沙锥（*Gallinago gallinago*）、矶鹬（*Actitis hypoleucos*）、红腹滨鹬（*Calidris canutus*）等可以使用雾网捕捉。此时，雾网的架设有一些特殊的方法。由于涉禽多数在水边活动，因此雾网可以架设在涉禽取食或栖息的滩涂，也可以架设在水面上拦截飞行中的涉禽。

图6.4-1中提供了一种水上雾网的架设方式，采用这种方式，可以拦截飞过的小型涉禽。在使用这种方式时要考虑潮汐的变化，确保雾网最下面的网兜始终

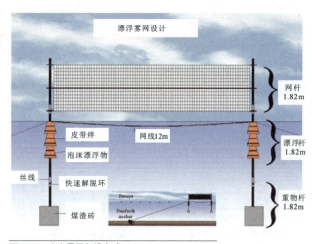

图6.4-1 水上雾网架设方式
图片来源：FAO. 2007. Wild Birds and Avian Influenza

在水面之上，避免撞网的涉禽淹在水中。

2002年4月，在辽宁省东港市召开的中澳迁徙涉禽捕捉暨彩色旗标研讨会期间，与会人员在鸭绿江口使用雾网开展了夜间涉禽捕捉环志工作，主要工作情况和方法如下：

鸭绿江口地区具有广阔的泥质滩涂，周边有大量的鱼塘和虾池。每年春季，大群往北迁徙的涉禽聚集在此地，随着潮水的涨落，在滩涂和鱼塘之间运动。低潮位时，涉禽集中在裸露的滩涂觅食，高潮位时，如果滩涂被完全淹没，则飞到鱼塘和虾池歇息。在当地，一天之间有两次涨潮。环志人员白天涨潮前观察滩涂上聚集的鸟类，涨潮时寻找并观察涉禽停歇的鱼塘和虾池，夜间高潮位达到之前在白天观察到的停歇地点布好雾网，静等高潮位时滩涂上的涉禽飞来。

（二）陷阱捕捉

涉禽在迁徙停歇地需要大量取食以补充能量，在滩涂上撒放食饵能够有效地引诱涉禽前来取食，从而进入陷阱被捕捉到。陷阱的形式多种多样，环志人员可以根据实际需要制作不同类型的陷阱进行捕捉。

（三）翻网捕捉

在环志涉禽时，除了使用雾网和陷阱被动地等待鸟类入网之外，还可以采取主动的方式进行捕捉。在我国上海崇明东滩鸟类环志过程中，经常使用翻网捕捉涉禽。具体做法是在低潮时在滩涂上设置约2米×10米大小的网，一端固定；另一端由环志人员在30米以外通过绳索控制。网边的捕鸟区放置5~10个假鸟。环志人员以特

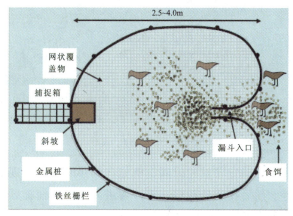

图6.4-2 使用食饵的漏斗形陷阱模式图
图片来源：FAO. 2007. Wild Birds and Avian Influenza

图6.4-3　环志人员在岸边吹竹哨诱捕涉禽　　　　　　　图6.4-4　架设好的翻网　摄影：章克家

制的哨子模仿各种鸻鹬类的叫声，吸引路过的鸻鹬类到捕鸟区停留，然后拉动索绳，翻网反折过来，将鸟扣在其中而被捕捉。与翻网原理类似的还有拉网，在北戴河鸟类环志过程中，环志人员曾经比较成功地使用拉网捕捉滩涂上的涉禽。此外，对于一些小型的涉禽，如环颈鸻（*Charadrius alexandrinus*）还可以使用拍网进行捕捉。

（四）炮网捕捉

图6.4-5　环志人员处理被翻网捕捉到的涉禽　摄影：章克家

　　国外在环志涉禽时，经常使用炮网进行捕捉。炮网主要用于捕捉栖息的涉禽，也可以用来捕捉游禽以及八哥、乌鸦以及鸫之类的鸣禽。在使用炮网的时候，要选好布设的时间和地点。设网的位置应该是鸟类的栖息地、取食地或饮水地，视野开阔，便于观察鸟类的情况，并且周围有隐蔽物。根据预先的观察，确定布网的时间，例如在两小时后将出现高潮或者是鸟类前来取食、饮水等。然后在远处观察，等涉禽进入炮网的捕捉区后通过遥控装置引发炮网，将涉禽罩在网内。

图6.4-6　炮网发射所需的黑火药、弹药筒和导火索　图片来源：http://www.aiproject.org

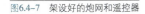

图6.4-7　架设好的炮网和遥控器

发射时以下安全区内不能有鸟

图6.4-8　炮网发射　图片来源：http://www.aiproject.org

二、涉禽的环志操作

（一）彩环和彩旗的使用

由于涉禽经常在水中活动，佩戴的金属环很容易被腐蚀而变得锈迹斑斑难以辨认，因此在涉禽的环志过程中，经常使用彩环和彩旗作为辅助性标记。彩旗和彩环通常没有用于区分每个个体的环号，只有颜色和种类之分，可以用于对成群的涉禽或游禽进行标记。由于彩旗和彩环制作得比金属环大，而且颜色鲜艳，这样人们在远处就能发现并将这些标志辨认出来，有利于提高环志信息的回收率。

彩旗和彩环通常是用塑料制成的，不易被腐蚀，但是有些时候会褪色。涉禽

图6.4-9　同时佩戴金属环和彩环的涉禽　摄影：章克家

在岸边取食的时候，跗蹠部经常浸没在水中，因此涉禽的彩旗或彩环通常佩戴在它们的腿部而不是跗蹠部，因此也被称为腿旗或腿环。腿旗的位置较高，容易被人们发现和辨认。

图6.4-9中这只涉禽是在我国上海崇明东滩被环志的，上黑下白的彩环组合说明了这一点。我国加入了"东亚—澳洲迁徙路线上迁徙海滨鸟类彩色旗标协议"，这个研究项目被确定为迁徙路线研究项目，使用彩色旗标标记大群个体，通过不同的彩色旗标组合来确定环志的区域。

目前，此项目已经在整个迁徙路线内确定了34个地区作为当前或潜在的彩色旗标区域。这些区域的环志人员将按商定的尺寸，用标准材料（darvic）制作旗标。旗标使用6种颜色的双旗系统，用于全部34个地区的彩色组合已经确定。

除了使用双旗系统的34个地区以外，另有3个地区保留使用单旗，因此这三个地区有使用单旗的协议。近些年来，这些地区的大量海滨鸟类已经被彩色旗标标记（澳大利亚东南部和西北部，日本北部）。单个旗标安放在涉禽左腿胫部。

图6.4-10　东亚-澳大利亚迁徙路线上建议开展彩色标记的地区
图片来源：东亚-澳洲迁徙路线上迁徙海滨鸟类彩色旗标协议书

Region	Colour			Name
1	Blue/Green			Alaska, US
2	Yellow/Black			Kamchatka Peninsula
3	Yellow/White			Amur River region
4	Blue			Northern Japan
5	Blue/White			Central Japan
6	Blue/Orange			Southern Japan
7	White/Orange			Korean Peninsula
8	Blue/Yellow			Dandong-Tangshan
9	Green/Orange			Yellow River Delta
10	Green/Blue			Jiangsu
11	White/Black			Shanghai-Zhejiang
12	White/Blue			Taipei-Kaohsiung
13	White/Yellow			Guangdong
14	Blue/Black			Hainan-Guangxi
15	Yellow/Green			Vietnam
16	Black/Blue			North Philippines
17	Black/White			South Philippines
18	Black/Green			Gulf of Thailand
19	Black/Yellow			Singapore, W Malaysia
20	Orange/Black			Bangladesh
21	Black/Orange			Java
22	Green/White			Papua New Guinea
23	Yellow/Orange			Southwest Australia
24	Yellow			North-west Australia
25	Yellow/Blue			Darwin region
26	Green/Yellow			Gulf of Carpentaria
27	Green/Black			Central Queensland Coast
28	Green/Green			Brisbane region
29	Orange/Green			New South Wales
30	Orange			South-east Australia
31	Orange/Blue			Tasmania
32	Orange/Yellow			South Australia
33	White/White			North Island, New Zealand
34	White/Green			South Island, New Zealand

图6.4-11　东亚-澳大利亚迁徙路线彩色旗标分配建议
图片来源：东亚-澳洲迁徙路线上迁徙海滨鸟类彩色旗标协议书

使用双旗系统的旗标组合放在右腿。大型鸟类的旗标放在右腿胫部。对于小型海滨鸟类，一个旗标放在右腿胫部；另外一个放在右腿跗蹠部位，金属环应放在左腿跗蹠部位。

迁徙路线上每个参加的研究小组代表组成一个联络组，交流迁徙研究小组的活动和工作结果，这样人们就可以协调整个迁徙路线上迁徙水鸟的所有彩色标记，进行鸟类环志研究的国际合作。

图6.4-12　上海东滩鸟类环志人员使用的环志船　摄影：章克家

（二）环志操作

捕捉到的涉禽可以在就近滩涂或岸边开展环志，然后尽快放飞。为便于开展环志，可以将环志所需用具带到岸边，搭建临时的工作台或操作间。

1. 鸟体测量

在涉禽的环志过程中，也要对捕捉到的鸟类进行准确的鸟体测量和记录。测量的数据和方法与鸣禽基本相同，主要包括喙长、头喙长、翅长、尾长、跗蹠长和体长等。

图6.4-13　测量涉禽的翅长和头喙长　摄影：章克家

2. 其他生物学数据的收集

除了以上一些基本数据之外，在涉禽的环志过程中还应记录环志鸟的年龄、

图6.4-14　通过比对飞羽状况鉴别成鸟（左）和幼鸟（右）　摄影：章克家

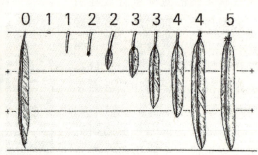

图6.4-15　羽毛发育过程
图片来源：全国鸟类环志中心编，《鸟类环志操作规程》

图6.4-16　换羽情况记录　摄影：章克家

性别、换羽等生物学数据。

换羽是一项重要的生物学数据，在进行涉禽和游禽环志过程中记录换羽的时间和方式是非常有意义的。换羽情况可以按照图6.4-15的方式进行记录。

根据羽毛发育过程的图示，从旧羽发育到新羽可以分为0~5级六个级别，如图6.4-16所示。

（三）卫星追踪

利用卫星追踪技术来研究鸟类迁徙的技术，是目前世界上开展类似研究最先进的技术之一。卫星追踪系统主要由卫星发射器（PTT）、安装在卫星上的传感器、地面接收站3部分组成。它的基本工作原理为：给研究对象装上发射器，发射器在某个时刻向太空中的卫星发射一定频率的信号，当卫星经过研究对象的上空时，卫星上面装有的传感器接收到发射器传来的信号，然后将信号转送到地面接收站处理中心，经过计算机处理，获得追踪对象在那个时刻所在地点的经纬度、海拔高度等信息。

黑颈鹤（*Grus nigricollis*）为国家Ⅰ级重点保护野生动物，是全世界15种鹤类中唯一一种繁殖地和越冬地都在高原环境的鹤类。

传统的环志研究发现在云南东北部和贵州越冬的3 000多只黑颈鹤，夏季在四川的若尔盖湿地生活。而从飞机上俯瞰两地之间广袤的川西南地区，地形复杂，河谷和峡谷切割纵深，大型的河流和山脉众多。这里恰恰又是黑颈鹤迁徙经过和可能停留的地区。这些地区的平均海拔在2 200米以上，常年低温，气候寒冷，紫外线辐射高。对黑颈鹤的研究者和保护者来说，山区的交通很不方便，追

图6.4-17 利用卫星追踪技术来研究鸟类迁徙的过程
图片来源：伍和启，杨晓君，追寻候鸟迁徙的漫漫长路，生命世界，2009（6）

踪野生动物活动更加困难。用传统的环志方法研究黑颈鹤的迁徙，了解黑颈鹤迁徙路线和中途停歇地非常困难。卫星追踪技术具有的能够长时间、长距离地追踪研究对象的特点，成为解决这个难题的理想方法。

2004年开始，由国际鹤类基金会、全国鸟类环志中心、昆明动物研究所、云南省林业厅、云南师范大学以及大山包国家级自然保护区管理局、草海国家级自然保护区管理局等单位联合组织，在云南大山包和贵州草海开展卫星追踪黑颈鹤的工作。利用卫星监测，研究人员成功地获取了黑颈鹤的迁徙信息，第一次完整地揭示了云南和贵州越冬黑颈鹤的完整迁徙路线，发现了黑颈鹤迁徙的中途停歇地以及新的繁殖地，并证实了黑颈鹤东部种群的存在，为黑颈鹤的保护提供了重要且关键的信息。

图6.4-18 工作人员给黑颈鹤（*Grus nigricollis*）装卫星信号发射器
图片来源：伍和启，杨晓君，追寻候鸟迁徙的漫漫长路，生命世界，2009（6）

图6.4-19　放飞装了卫星信号发射器的黑颈鹤（*Grus nigricollis*）
图片来源：伍和启,杨晓君，追寻候鸟迁徙的漫漫长路,生命世界, 2009 (6)

第五节

游禽的环志

游禽通常在水中取食并多栖息在水面上，嘴宽而扁平，脚短，趾间具有肉质的蹼，善于游泳和潜水。游禽的种类繁多，包括雁形目、潜鸟目、鹲鹏目、鹱形目、鹈形目、鸥形目的所有种。大多数的游禽具有迁徙行为，很多游禽的飞翔能力很强，能做长距离的迁徙，是候鸟中的重要类群。游禽中雁形目的鸟类是禽流感的易感类群，野生雁鸭类接触到家禽的概率也较高，因此对游禽开展环志，了解它们的迁徙规律是非常重要的。

一、游禽的捕捉

（一）陷阱捕捉

陷阱是捕捉游禽时常用的工具，陷阱的基本原理是让游禽进入装置中后找不到出来的路，从而被捕捉。根据捕捉环境和实际需要，陷阱装置可以做出各种形

图6.5-1　不同形式的陷阱　图片来源：http://www.aiproject.org

图6.5-2　用于捕捉潜鸭的陷阱　摄影：Darrell Whitworth

图6.5-3　漂浮式的陷阱
图片来源：BTO Trapping Guide

状、大小不同的类型。在材料的选择上要注意挑选那些不会对游禽造成伤害，并且又不显眼的材料。此外，还要确保捕捉到的鸟能顺利地取出。在安放陷阱前，先要对想捕捉的游禽进行观察，然后根据它们取食和栖息的情况确定陷阱安置的地点。

图6.5-4　围栏式陷阱的基本模式
图片来源：FAO. 2007. Wild Birds and Avian Influenza

在使用各种陷阱，尤其是一些大型陷阱时，通常还会采取一些其他的措施，促使鸟类进入陷阱。例如人工驱赶，或者是让经过训练的狗来驱赶，使那些飞翔能力不强的鸟，尤其是一些幼鸟进入到陷阱当中被捕捉到。在使用陷阱的时候，还经常撒放食物作为诱饵，引诱鸟类进入陷阱而被捕捉到。布设陷阱时还要考虑的问题是周围的环境中是否有肉食性动物出没，以免对捕捉到的游禽造成伤害。

在图6.5-4中，显示了围栏式陷阱的一般使用方法，即一些人驾驶小船从不同方向行进，将陷阱两翼范围内的游禽包围起来，逐渐驱赶至陷阱当中。采用围栏式陷阱，可以一次性捕捉一小群游禽，效率较高。

（二）翻网捕捉

上海市九段沙湿地保护区的环志

图6.5-5　用大型漏斗式陷阱捕捉飞翔能力不强的水鸟
摄影：Ruth Cromie

图6.5-6 池塘中的翻网 摄影：刘雨邑

图6.5-7 隐蔽用的窝棚 摄影：刘雨邑

人员采用翻网对游禽进行捕捉。捕捉时，挖设一亩见方的浅塘，塘内设翻网两具，使用家鸭和绿头鸭杂交的媒鸭引诱。媒鸭用绳索固定在塘内，捕捉者躲藏在附近芦苇丛窝棚中，等野鸭落在塘中后，拉动绳索进行捕捉。

（三）直接捕捉

一些游禽具有集群繁殖的习性，环志人员可以在游禽的幼鸟还不具备飞翔能力的时候，到繁殖地集中围捕，对幼鸟进行环志。捕捉幼鸟进行环志时要特别注意从多方面进行考虑，避免对幼鸟造成伤害。

图6.5-8 环志人员围捕没有飞翔能力的幼鸟
图片来源：http://www.aiproject.org

二、游禽的运送

（一）游禽的控制方法

游禽的个体较大，在运送过程中，环志人员要注意对游禽很好地进行控制，以免游禽在挣扎时对环志人员或自身造成伤害。对游禽进行控制，重点是要控制住游禽的双翼，避免它们扇翅。对于中型游禽，环志人员可以用手将它们的翅收拢，握在手中。对于大型游禽，环志人员可以将它们的翅收拢后用手臂夹在体侧。

对于天鹅等大型游禽，还可以采取给它们穿上特制的"天鹅夹克"的办法使它们安静下来。图6.5-11是环志人员给天鹅穿上这种特制的夹克的过程。

图6.5-9 大型游禽的控制方法 摄影：Rebecca Lee

图6.5-10 中型游禽的控制方法

图6.5-11 给天鹅穿上"夹克" 图片来源：http://www.aiproject.org

为避免鸟类在环志过程中受伤，影响其正常生活和迁徙，在抓取鸟类的时候一定不要像图6.5-12中那样只抓住鸟的翅膀就把它拎起来，这样很容易造成翅的拉伤或骨折。

图6.5-12　不正确的抓鸟方式
图片来源：http://www.aiproject.org

（二）游禽的保存和运送

捕到的游禽可以放在大型鸟袋中进行保存和运送。

在保存和运送游禽的过程中，还可以制作和使用专门的笼舍甚至是帐篷，确保它们有足够的空间，以免鸟类在保存和运送过程中受伤或死亡。

图6.5-13　环志人员运送捕捉到的游禽
摄影：刘雨邑

图6.5-14　用于临时保存鸟类的帐篷和笼舍　图片来源：http://www.aiproject.org

三、游禽的环志

（一）彩色标记

游禽腿和脚比较短，在水面游动时都浸没在水中，金属脚环的发现率不高，因此游禽环志过程中，除了金属脚环，还会加上彩环。游禽的彩环通常佩戴在颈部，被称为颈环。对于彩色颈环的颜色搭配，国际上并没有相关标准。参照鸻鹬类的彩色旗标，上海九段沙保护区确定他们环志采用的颈环颜色为白底黑字。型号和尺寸如表6.5-1。

图6.4-13　测量涉禽的翅长和头喙长　摄影：章克家

表6.5-1　上海九段沙保护区颈环型号

型号	内径	长度	颜色	编码	数量	适用种类
1	35mm	40mm	白底黑字	A1 to A50	50	雁
2	32mm	30mm	白底黑字	A1 to A50	50	斑嘴鸭,绿头鸭,针尾鸭

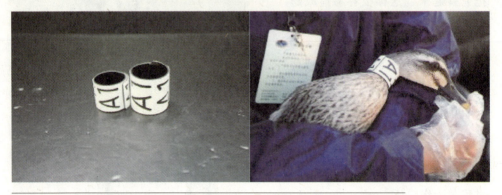

图6.5-15　上海九段沙保护区采用的颈环及上了颈环的斑嘴鸭（*Anas poecilorhyncha*）摄影：刘雨邑

图6.5-16　佩戴彩色颈环的大天鹅

图6.5-17　环志人员合作给大天鹅（*Cygnus cygnus*）戴上颈环　摄影：蔡益

　　图6.5-16中这只佩戴着蓝色颈环的大天鹅（*Cygnus cygnus*）是北京环志志愿者们2001年冬季在山东荣城环志的。北京环志志愿者在向全国鸟类环志中心提出申请，并得到批准后，2001年冬季在荣城天鹅湖开展了一次用彩色颈环进行环志的研究和尝试，成功地捕捉到了一只大天鹅，并且给它戴上了颈环安全放飞。

　　2005年夏季，上海崇明东滩的环志人员对29只须浮鸥（*Chlidonias hybrida*）雏鸟进行了国内首次环志和彩色旗标标记。捕捉时，2~3人下塘涉水，以尽可能快的速度靠近须浮鸥巢捕捉雏鸟，临时安置在随身携带的塑料盆内，然后用电子天平对每一只雏鸟进行称重。雏鸟称重以后，马上进行环志和彩色旗标标记。环

图6.5-18　环志人员给须浮鸥（*Chlidonias hybrida*）雏鸟环志 摄影：章克家

志采用全国鸟类环志中心提供的标准编号的金属环进行环志，上环位置在雏鸟的左脚跗蹠部。彩色旗标是用塑料材质制成的带环的旗状物，黏合固定在雏鸟的右脚跗蹠部。

（二）环志测量

捕捉到的游禽也应按照《鸟类环志操作规程》进行鸟体测量，记录体重、体长、跗蹠长、翅长、头喙和喙长等方面的数据。

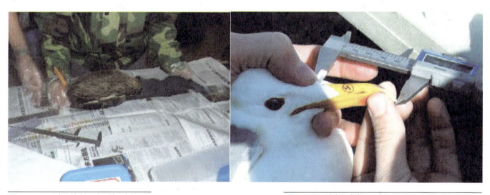

图6.5-19　测量体长　摄影：刘雨邑

图6.5-20　测量喙长
图片来源：Usgs Western Ecological Research Center

（三）其他生物学数据的收集

除了测量基础数据，在对游禽的环志过程中，还应收集性别、年龄、换羽等方面的信息。这些信息的收集方法与其他类群的鸟类基本相似，以下重点介绍一种针对雁形目天鹅属和雁属的鸟类的性别鉴定方法——泄殖腔外翻法。雄鸟长有交配器，简称"阴茎"，位于泄殖腔壁，幼鸟的在前端，成鸟的在左侧。雌鸟的输卵管开口在泄殖腔的左侧，幼鸟的开口通常有一层薄膜覆盖。通过泄殖腔外翻法可以准确区分雌、雄鸟及它们的幼体。

　　检查泄殖腔，先将鸟腹面朝上，尾部向前控制住。然后用食指找到泄殖腔，将拇指和食指放在泄殖腔两侧，用力挤压泄殖腔。如果是雄鸟就会翻出"阴茎"，一般未成熟鸟的阴茎小而无鞘，成鸟则大而明显包在鞘内。雌鸟没有阴茎，成鸟的输卵管的出口在泄殖腔壁的左侧。

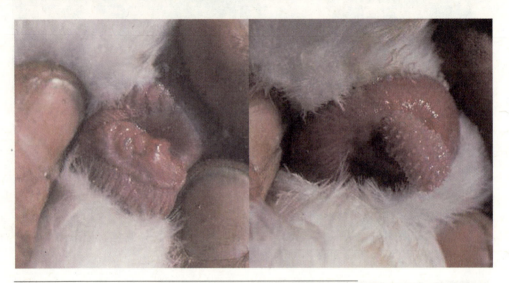

图6.5-21　疣鼻天鹅（*Cygnus olor*）成年雌鸟的泄殖腔（左）和成年雄鸟的泄殖腔（右）
摄影：Brian Morrell

第六节
环志数据与回收数据的处理

　　鸟类环志工作的最终目的就在于通过使用各种标志对鸟类加以标记，从而更加准确有效地搜集鸟类迁徙行为及鸟类生态学方面的数据。通过艰辛的环志工作获得的宝贵数据一定要很好地加以收集、处理和分析，使之有效地应用于鸟类迁徙研究及保护工作当中。

一、网捕数据的处理和分析

　　每次环志活动结束后，环志人员要及时对本次环志的所有记录进行整理，并对本次环志记录到的鸟种、数量、性别比例、成幼比例等多方面的信息和数据进行统计，从而对本地区鸟类群落情况以及一些鸟种的迁徙规律进行分析。

（一）鸟类群落分析

　　利用环志结果可以初步对本地区鸟类群落的组成结构进行描述，例如分析统计环志记录到的鸟种分布在哪些目、哪些科，其中有多少是当地的留鸟，冬候鸟和夏候鸟的比例各占多少，旅鸟的比例为多少，等等。根据统计数据，还可以进一步分析统计出本地区鸟类的丰富度、均匀度和优势度等。当然，由于环志受到了布网的地点、网的数量等因素的影响，这种方法难以反映当地鸟类群落的全貌，例如利用雾网捕鸟，对于在林冠活动的鸟就很难统计。

　　环志的数据还可以用于对鸟类群落的时空变化进行分析。例如对一段时间内的环志记录进行分析时，可以将环志活动划分为若干个时间段，分别计算几个时间段内的鸟类数量、种数、丰富度指数及均匀度指数等。此外，还可以将不同季节、不同年份或不同网场的环志记录进行对比和分析，了解本地区鸟类各种群的时空变化规律。

　　以下是一个利用环志数据进行鸟类群落分析的实例：2001年9月3日~11月10日，北京师范大学本科生刘阳、雷进宇等环志小组成员在北师大生物园经过51天的工作，共网捕环志鸟类2目10科28种165只，其中留鸟4种，占总数的14.29%；旅鸟18种，占总数的64.29%；夏候鸟4种，占总数的14.29%；冬候鸟2种，占总数的7.13%。通过网捕环志技术，并结合春季该地区的环志结果，分析了迁徙季节该地区鸟类群落的组成，以及群落随时间、季节的变化情况。

分析发现，从9月上旬开始，鸟类多样性指数开始升高，可以一直持续到10月下旬。环志小组成员认为这是由于南迁的旅鸟陆续到达本地，而这几个时期，留鸟、夏候鸟、旅鸟的物种数则较为稳定，显示了北京地区是候鸟迁徙的重要通道。Pielou指数是反映群落中物种均匀性的参数，统计发现9月21日~9月30日和11月1日~11月10日两个时间段的均匀程度较高。优势度指数可以衡量群落中鸟种的优势情况。优势度指数越高，说明数量分配不均，集中在几个优势种上。分析发现9月3日~9月10日及10月9日~10月20日两个时期的优势度指数较高，这两个时期正是红喉姬鹟和红胁蓝尾鸲两个优势种迁徙的高峰。综上，环志小组成员认为北京市区从9月上旬~10月下旬是候鸟的主要迁徙期，这个时间段内，候鸟的物种数和个体数都较高，并以旅鸟的数量为最。以下是根据调查结果所做"秋季环志鸟类群落随时间的变化"统计表。

表 6.6-1　2001年北京师范大学秋季环志鸟类群落随时间的变化

日　期	鸟类种数	环志数量	仅在该时期捕到的鸟种数	留鸟	夏候鸟	冬候鸟	旅鸟	Shannon-Wiener 指数	Pielou 指数	优势度指数
9.3~9.10	8	32	2	2	1	0	5	0.648 2	0.717 7	0.330 1
9.11~9.20	14	36	5	2	3	0	8	1.030 6	0.899 2	0.131 9
9.21~9.30	9	30	1	0	0	0	9	0.917 5	0.961 5	0.128 9
10.9~10.20	10	34	6	1	2	1	6	0.739 2	0.739 2	0.289 0
10.21~10.30	7	23	1	2	2	1	2	0.759 7	0.898 9	0.206 2
11.1~11.10	6	10	1	3	0	0	3	0.759 2	0.975 6	0.180 0

（资料来源：刘阳，雷进宇，北京师范大学校园秋季鸟类环志报告，四川动物，2003(2)）

此外，环志小组还对春、秋两季环志结果进行了比较。他们所进行的春、秋两季的网捕环志，从布网的地点到捕网的面积，都基本一致。他们制作了"春、秋季鸟类群落组成比较"统计表，并发现了两者的差异。

从表6.6-2数据可知，秋季的多样性指数、均匀性指数（H′、Hmax、J）均高于春季。环态小组认为秋季网捕点乔木层、灌木层的植被覆盖率明显高于春季。并且一些植物的果实、种子可以为候鸟提供食源。

表 6.6-2　2001 年北京师范大学春、秋两季鸟类群落组成比较

季节	工作时间(d)	总数	种类	共有物种	H′	Hmax	J
春季	55	144	24	14	1.075 8	1.380 2	0.779 5
秋季	51	165	28		1.193 7	1.447 2	0.824 9

（资料来源：刘阳，雷进宇，北京师范大学校园秋季鸟类环志报告，四川动物，2003(2)）

（二）鸟类迁徙规律分析

通过鸟类环志记录还可以对一些鸟种的迁徙规律进行对比和分析。例如，环志人员可以对一次环志工作中记录到的几个优势种的迁徙高峰进行对比，对具有相似生态位的鸟种迁徙时间进行对比，对同一鸟种不同性别、年龄的鸟迁徙时间进行对比等，从中分析得到相关鸟类的迁徙规律。

李显达等人 2004 年在黑龙江省嫩江县高峰林场开展了鸟类环志研究工作，对当年环志到的鸟类进行了数据统计和分析。以下是他们对 2004 年春季迁徙鸟类环志高峰的分析图。从图中可以看出，棕眉山岩鹨的迁徙高峰期为 3 月 25 日～4 月 6 日这段时间，而且是这段时间鸟类迁徙的优势种。同样，4 月 26 日～4 月 30 日、5 月 18 日～5 月 27 日分别为燕雀和栗鹀的迁徙高峰。

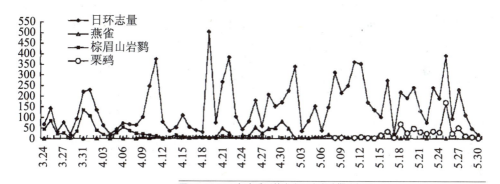

图6.6-1　2004年春季迁徙鸟类环志高峰期分析图
图片来源：李显达，吕晓平，方克艰，郭玉民，李显志，四川动物，2006 (3)

二、环志鸟回收数据的收集与应用

（一）环志鸟回收数据收集的途径和方法

被环志的鸟带着标志环继续它们的迁徙之旅。当环志鸟再次被捕捉或被发现时，回收到的数据将带给人们非常重要的信息。因此，尽量提高环志鸟或环志信息的回收率是鸟类环志工作中十分关键的环节。

1. 环志鸟的回收与处理

被环志的鸟有可能在其他地点被重新捕捉到，也有可能第二年甚至数年之后在同一地点被捕捉到。这些重捕的鸟是极其重要的信息载体，在环志过程中应得

到优先处理。一旦发现带标志环的鸟，环志人员应首先记录下标志环的环型和环号等所有信息，然后进行关键数据的测量和记录，最好拍下一张照片，此后尽快重新放飞，让它带着这些宝贵的信息继续迁徙。如果发现环志鸟所带的标志环有磨损或者是不标准，所带信息不足，环志人员也可以给它再补上一个新环。

回收到环志鸟，无论是哪国环志的鸟，都应该填写鸟类回收信息表，并与全国鸟类环志中心及时进行联系。

通信地址：北京 1928 信箱全国鸟类环志中心

鸟类回收信息表(*为必填项目)		
环号：	[　　　　] > *	
回收人：	[　　　　] > *	
报告人：	[　　　　] > *	
回收时间：	[　] >年 [　] >月 [　] >日　（例：2000年01月01日）*	
回收地点：	[　　　　　　] > （50字以内）*	
（经纬）：	东经 [　] >度 [　] >分　北纬 [　] >度 [　] >分 *	
回收方式：	[　　　　　　] > （50字以内）*	
回收鸟状况：	[　　　　　　　] > （100字以内）*	
回收鸟的处理情况：	[　　　　　　　] > （100字以内）*	
鸟环的处理情况：	[　　　　　　　] > （100字以内）*	
备注：	[　　　　　　　　　]	

[发送信息]　[清除信息]

查看信息表　请填写密码：[　　　　　]

图6.6-2　中国野生动植物保护网鸟类环志页面中网上提交鸟类环志信息表

或北京·万寿山·中国林业科学研究院全国鸟类环志中心

邮　编：100091

电　话：010-62889530，010-62889528

传　真：010-62889528

E-mail：bird.hz@fee.forestry.ac.cn

此外，还可以登录中国野生动植物保护网（http://www.wildlife-plant.gov.cn/），在鸟类环志页面在线提交鸟类环志信息表。

2. 环志信息的收集

除了直接捕捉到环志鸟之外，还有一些其他的途径可以收集环志的信息。例如，有人在野外捡拾到死亡的环志鸟，或者是观察、拍摄到环志鸟，此时都可以将环志信息反馈给相关研究机构，使鸟类环志的信息得以回收。捡拾到带环的鸟，可以将环号及鸟类的基本情况通过印刻在鸟环上的"北京1928 信箱"向全国鸟类环志中心报告。如果是其他国家的标志环或标志物，也要将全部信息记录下来及时报告全国鸟类环志中心。

此外，鸟类环志人员还可以通过网络向公众征集他们观察或拍摄到的鸟类环志信息。例如，丹东市野生动植物保护站的研究人员白清泉，近年来在世界自然基金会中国网站（http:// www.wwfchina.org）的自然论坛中向全国的鸟类摄影及野外观鸟者征集他们拍摄或观察到的环志鸟相关信息，并每隔半年对收集到的帖子进行整理。以下是他2009年下半年在论坛中所发的帖子：

2009年下半年环志收集

如果您发现了环志鸟，请把下面提到的基本信息在这里跟帖，谢谢！祝各位鸟友有更多收获！

环志鸟的发现记录要求上报的几条基本信息：

1. 发现时间；

2. 发现地点（最近的城市和乡镇名字，最好有地理坐标）；

3. 发现者的真实姓名和电邮地址；

4. 鸟种；

5. 标记的位置（上腿or下腿，左腿or右腿，颈部等位置）；

6. 标记的形制（颈环、足旗、色环等）、颜色、是否有编码等，如果有清晰全面的照片，4、5、6条就可以免了。

如果有照片，这些信息可以直接PS做在照片上，方便上报。

以下是名为陈峰的网友拍摄并提交的三趾鹬照片，发现时间为2009年8月25

图6.6-3 福建长乐鳝鱼滩目击回收的三趾鹬 (*Calidris alba*) 摄影：陈峰

日，下午4点11分，发现地点为福建长乐鳝鱼滩。

欧洲鸟类环志联盟的网站（http://www.euring.org/）上，有专供人们提交鸟类回收信息的网页，能够非常清晰地提示普通公众将他们发现的环志鸟的信息提交给相关的研究机构。网页上将不同类型的鸟环列举出来，供报告人选择，然后分门别类地引导他们提交相应的数据。点击不同类型的鸟环，会出现相应的表格，提示人们填写详细的信息。提示的内容简明易懂，便于报告人准确地提交相关的信息。

例如在图6.6-4中，报告人发现的是一只带着彩环的鸟，点击相关的图标后，

Ring type

> * If you are a Ringer, you should use your own system.

There are several different types of bird ring or mark. Please choose from the examples below, and click on the images to take you to the reporting form, or the appropriate pages depending on type of ring.

To report a METAL ring with a museum or institute address, click an example below

To report a CLOSED ring, click an example below

To report a bird with COLOURED rings or other marks, click an example below

图6.6-4　欧洲鸟类环志联盟网站回收报告页面截图

会进一步提示报告人观察到的是哪种类型的鸟。

Europe (including Britain and Ireland)				Britain and Ireland	Europe	Britain and Ireland
Waders	Large Gulls	Small Gulls	Cormorants	Ducks, Geese and Swans	Other species	Other species

图6.6-5　欧洲鸟类环志联盟网站彩环标记鸟回收报告页面截图

　　此后，在具体描述的表格中，还通过图示提示报告人描述彩环或彩色标记的具体位置。

（二）回收数据的应用

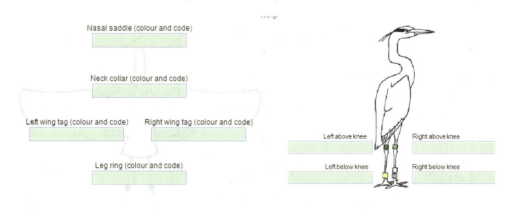

图6.6-6　欧洲鸟类环志联盟网站彩环位置报告页面截图

回收到的环志数据，能够反映多方面的信息。各国环志机构及其专家对这些数据进行分析，可以得到鸟类种群变动及迁徙活动等方面的规律，这将对科学发现、经济建设、物种保护、疾病防控、鸟撞预防、环境监测等领域有巨大帮助。因此，回收信息对个人不具有重要意义，只有将这些信息准确提交给国家的环志机构，才会产生出重要价值。

1. 鸟类迁徙规律的分析

通过对鸟类环志回收数据和信息的分析，可以了解鸟类迁徙的路线、中途停歇地、越冬区和繁殖区、迁徙距离，以及飞行速度等方面的特点。例如1996~1999年，结合中日黑嘴鸥（*Larus saundersi*）合作研究，全国鸟类环志中心在辽宁双台河口国家级自然保护区先后给600余只雏鸟佩戴金属环和红色彩环。以后通过观察，在日本（13只）、韩国（1只）发现带有红色彩环的越冬个体，还发现2只返回繁殖地——辽宁双台保护区。

1997年冬季，日本在北九州曾根滩涂捕捉环志黑嘴鸥（黄色彩环）。1998年1

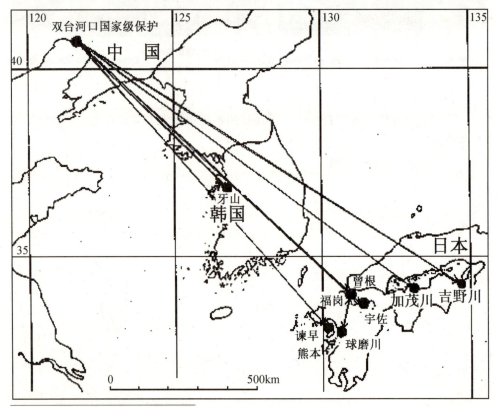

图6.6-7 黑嘴鸥（*Larus saundersi*）的迁徙路线

月和1999年6月分别在中国江苏省盐城和辽宁省双台河口国家级保护区各发现1只。可见，中国辽宁盘锦双台河口国家级自然保护区的黑嘴鸥在日本和韩国之间迁徙，黑嘴鸥在该保护区内的繁殖区域是较稳定的。

又如，山东省长岛候鸟保护环志中心站研究人员范强东等于1984~1989年在山东长岛利用环志对猛禽迁徙规律进行的研究中发现：几年间环志回收迁徙时间最长的是1988年10月23日放飞的G00- 8766号雀鹰 (*Accipiter nisus*)，历时732天回收，推算迁飞距离为7 504千米；一次迁飞距离最远的是1985年9月24日放飞的G00-1820号红角鸮 (*Otus scops*)，同年11月在广西北海市回收，直线距离为2 140千米。迁徙速度最快的为1984年9月28日放飞的H00-0773号红隼 (*Falco tinnunculus*)，同年10月11日在广东博罗县回收，历时11天，迁飞距离1 760千米，平均每天160千米。

2. 鸟类种群生态学分析

通过鸟类环志回收的信息，还可以确定某种鸟类的平均期望寿命、最大寿命及繁殖特点，监测鸟类种群的变化趋势，了解环境变化对种群数量变化的影响等。例如，北京师范大学赵欣如、宋杰等人于1984~1987年共环志放飞26种鸟类，总计361只。截至1987年7月，已回收环志鸟7例，其中冕柳莺 (*Phylloscopus coronatus*) 1只，寿带 (*Terpsiphone paradisi*) 1只，黄眉 [姬] 鹟 (*Ficedula narcissina*) 1只，白腹蓝鹟 (*Cyanoptila cyanomelana*) 2只，北红尾鸲 (*Phoenicurus auroreus*) 2只。回收的7只鸟全部在原环志点的网上重捕，证明了这5种鸟不仅能重返繁殖地，而且回返至原来的营巢地点。这为了解我国鸟类的分布及迁飞定向方面提供了有价值的资料。

中国科学院新疆生态与地理研究所研究人员马鸣参与了中澳之间迁徙鸻鹬类和燕鸥类的环志研究工作。研究结果显示，通过"重捕"可以估算出一批野鸟的性成熟年龄和寿命。如大凤头燕鸥 (*Sterna bergii*) 一般3~4年后参与繁殖，蛎鹬 (*Haematopus ostralegus*) 的寿命至少为21年 (Collins &Rosalind, 1999)，黑巾鸻 (*Charadrius cucullatu*)、大滨鹬 (*Calidris tenuirostris*)、斑尾塍鹬 (*Limosa lapponica*) 和红颈滨鹬 (*Calidris ruficollis*) 等的寿命超过14年，翻石鹬 (*Arenaria interpres*) 和红腹滨鹬 (*Calidris canutus*) 的寿命平均为15. 8年。

第七章

鸟类的保护

　　鸟类是自然界的重要组成部分。保护鸟类，对维护自然生态平衡，对科研、教育、文化、经济等方面，都具有重要意义。全世界共有鸟类9 000余种，其中中国拥有鸟类1 300余种，是鸟类资源丰富的国家之一。由于人类对鸟类栖息环境的破坏，对鸟类的滥捕乱杀等因素，鸟类生存正受到极大的威胁，因此人类需要采取各种措施保护鸟类，从而保护人类生存的环境。

　　鸟类环志与鸟类保护息息相关，是保护鸟类重要的基础工作，为保护鸟类具体措施的制定提供重要依据。

第一节

鸟类资源概况

根据化石材料的研究和推测，许多学者认为在过去约 13 000万年中，地球上曾有过50万种鸟类。在自然演化的漫长进程中，绝大多数鸟类逐渐绝灭，到史前人类时期（250万年前的更新世），鸟类种数可达11 500种，现今已减少到9 000余种，其中还包括一些可能已绝灭的种类。

除了已绝灭的种类，还有1 000多种鸟类的生存状态受到严重威胁。依据对现存状况的了解程度又分成以下7种情况。

E濒危种（endangered）：确认该种有绝灭危险，如不迅速改变生活状况，物种很难继续生存。

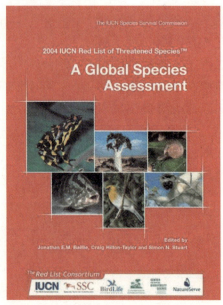

图7.1–1 《世界自然保护联盟濒危物种红色名录》

V易危种（vulnerable）：比濒危物种受到的威胁程度略轻，很可能转变为濒危物种。

I未定种（indeterminate）：该种鸟类可能是濒危种或易危种，至少也是稀有种，因证据不足，暂时不能确定其归属。

K不详种（insufficiently known）：怀疑该种有绝灭危险，因缺乏资料，暂不能明确确定。

R稀有种（rare）：种群数量很少且多年变化不大，有绝灭的危险，需认真管理。

S特别种（of special concern）：该种目前虽无绝灭危险，因其分布窄小且有较大生物学意义，应该特别关心该种的保护。

还有相当一部分鸟类，可能会属于上述各类中的一员，由于目前研究得还不够充分，尚不能排定具体位置，留待继续研究。这些种类一并归入K类，称为红皮书候补种（表7.1–1）。

表 7.1-1 受到严重威胁的鸟种数量 （自 Guy Mountfort 等整理）

	E 濒危种	V 易危种	I 未定种	K 不详种	R 稀有种	S 特别种	K* 红皮书候补种	合计
全世界	112	69	66	13	125	4	688	1 077
中国	7	6	5		2		46	66

在鸟类濒临绝种的原因中，栖息地破坏和改变占60%，人类捕杀占29%，其次是外来引入种竞争、国际性贸易、污染等。

根据调查和估算，每消失一种鸟类，意味着与它伴生的90种昆虫、35种植物、2~3种鱼类随之消失；同时，每2种鸟类消失，就会有1种哺乳类随之绝迹。

第二节
鸟类环志与鸟类保护

在此提到的鸟类保护，是广泛意义上的鸟类保护，既考虑到鸟类的保护，又考虑到鸟类同人类、人类社会发展相协调的保护，这种保护更符合可持续发展的思想。

一、鸟类栖息地保护

鸟类的栖息地是鸟类赖以生存的环境。人们不可能将所有的自然环境都保护起来，不加干涉和改变，因此保护鸟类的栖息地需有重点。环志可以帮助我们详细画出每一繁殖种群的繁殖区及越冬种群的越冬区；找出迁徙鸟的正常迁徙路线，确定每种迁徙鸟的重要中途停歇地。繁殖区、越冬区及中途停歇地都是鸟类的代表性栖息地，在这些地方建立保护区是保护鸟类尤其是濒危鸟类最为有效的方式之一。例如，我国的山东荣成，每年都有数千只大天鹅（*Cygnus cygnus*）在此越冬，在这里有一种特殊的栖息环境叫泻湖，泻湖中有大叶藻等植物资源，是冬季吸引大天鹅到此的重要食物。2000年山东省政府批准在荣成建立了荣成大天鹅自然保护区，2007年又被批准成为国家级自然保护区，而保护区就是由月湖（天鹅湖）、朝阳湖（朝阳天鹅湖）以及养鱼湖（马山港天鹅湖）三大泻湖组成。保护区的建立为鸟类带来了福音，但这还不够。保护区还需通过科学管理对鸟类开展进一步保护工作。

迁徙中途停歇地的质量（主要指为鸟类提供的食物资源）很大程度上影响着鸟类迁徙的成功率，在停歇地没有得到充分的食物补给，很可能导致鸟类在迁徙途中死亡。因此，在鸟类的迁徙停歇地，捕获鸟进行环志的同时测量鸟的体重并对其他生物学指标开展监测十分重要。对多年的数据进行比较，若发现其中有较大的变化将会提示我们停歇地的环境可能发生了改变。迅速发现改变的因素、查明改变的原因并及时调整对保护迁徙的鸟类来说很重要。

二、科学的保护策略制定

保护需建立在了解的基础上，环志正是为了解鸟类提供了一种很有效的方法。对鸟类迁徙的规律、种群的动态等信息的掌握，有助于我们在鸟类保护工作中制定科学的策略。

20世纪60年代以前，在我国朱鹮 (*Nipponia nippon*) 是夏候鸟，而60年代后期到80年代初，朱鹮在我国未见踪迹，分布范围也不清楚。1981年在陕西省秦岭南坡的洋县重新发现了朱鹮，是当时世界上野外生存的唯一种群。自1987年开始对朱鹮进行环志，通过11年环志及野外调查，对朱鹮的种群数量动态、存活、繁殖及繁殖地变动等进行了研究。研究人员根据野外观察朱鹮雏鸟环志记录，以及朱鹮的存活和死亡状况，编制了年龄生命表。在洋县野生朱鹮种群中，0~1 龄幼鸟死亡率比较高，达到51.06 %；随着年龄的增长，朱鹮死亡率不断下降，2~9龄个体的存活率均在65 %以上。研究结果提示，加强朱鹮育雏期和幼鸟离巢后的保护管理工作对增加朱鹮种群数量至关重要。由此建议每年可将部分初生的朱鹮进行人工饲养，到1年后再放回大自然，以利于朱鹮种群的扩大。研究还发现朱鹮的繁殖地点在逐年变动中，不断向海拔1 000米以下的地区扩大。然而低海拔地区人类活动密集，保护低海拔地区的繁殖地是当务之急。

三、鸟类和人类关系的协调

科学的鸟类保护应该综合考虑鸟类保护、管理和利用问题。人类的发展，不论是经济发展还是社会发展，偶尔会出现与鸟类、鸟类保护的矛盾。一味放纵人类的做法不可取，只顾及鸟类的做法也不是一种长期发展的策略。需要运用科学和智慧协调人鸟关系。

美国在鸟类环志的结果利用上，很强调对鸟类资源的管理。每年的环志数据都会为估算鸟类的种群数量提供依据，若发现种群数量明显减少，就需要迅速研究减少的原因，找出恢复的办法。对于一些可以捕猎的鸟类，环志的数据也会告诉管理者在下一年里，多少的被捕猎数量是合理的。

飞机与飞行中的鸟类相撞即人们常说的鸟撞问题，是一个突出的人、鸟矛盾。鸟撞的发生同时危及飞行人员、乘机人员和鸟类的生命安全。如何避免鸟撞已成为世界范围内的难题。了解机场及周边的鸟类和飞机飞行路线上的鸟类是提出科学解决方案的基础。仅知道有哪些鸟是不够的，环志可以帮助我们了解到这些鸟都分属于哪个种群，它们的分布、密度，日活动和季节活动规律，是否迁徙、迁徙路线等信息。这些信息的整合，可以从机场地理位置选择、机场的管理、飞机起降注意事项和飞机飞行路线方面给出科学的建议。

第三节

鸟类保护学简介

　　鸟类保护学是保护生物学的一个分支，是研究鸟类多样性及其保护的学科。人类的各种活动已经对很多种鸟类产生了深刻影响。在人类历史时期，已经有超过1 000种鸟灭绝。由于人类活动引起的最严重的物种灭绝发生在太平洋地区，估计有750~1 800种鸟类灭绝。据世界观察研究所（Worldwatch Institute）的调查结果显示，当今在世界范围内许多鸟类种群数量正在减少，到22世纪，估计有1 200种鸟濒临灭绝。最大原因是鸟类栖息地的丧失，其他威胁包括过度打猎、意外死亡、污染、竞争和外来物种的入侵、气候变化等。因此，各国政府和众多有志于保护鸟类的机构，也一起努力用各种途径来保护鸟类，这些措施包括立法以维护和恢复鸟类栖息地，并建立圈养种群等。

一、鸟类锐减的原因

（一）栖息地的丧失

　　对鸟类来说，最突出的威胁是栖息地的破坏和减少。将森林、平原用于农业、矿产、城市的发展，排干沼泽和其他湿地等行为破坏了鸟类的栖息地。此外，由于道路和一些屏障的修建使得一些现有的栖息地变得破碎化，在这些破碎化的栖息地中生活的鸟类种群都很脆弱，容易面临灭绝的危险。热带雨林的减少，是目前最迫切的问题，因为这里的森林容纳了最多种类的鸟类。并且有研究显示，森林鸟类在扩散和占据新的森林栖息地方面的能力都很有限。这进一步表明，现有栖息地的破坏将对它们产生重创。栖息地的丧失已经使得许多鸟种濒临灭绝，其中包括象牙嘴啄木鸟（*Campephilus principalis*），黑胸虫森莺（*Vermivora bachmanii*）和海滨沙鹀（*Ammodramus maritimus*）的*nigrescens*亚种。

（二）外来生物入侵

　　人类有意或无意地引入本地原来没有的动物物种有时会直接导致鸟类的灭

绝。大多数的历史灭绝事件发生在岛屿。许多岛屿没有肉食性动物，因此那里的鸟类失去了反捕食行为的进化。当人类环游世界各地时，带来了许多外来的动物，而这些动物也打扰了原来岛屿的物种。外来入侵的生物一些是岛上鸟类所不熟悉的食肉动物，如老鼠、野猫和猪；一些是竞争者，如其他鸟种，或食草动物。同时，疾病的进入也会引起鸟种的灭绝，如在夏威夷岛鸟类疟疾就是一个导致很多鸟种灭绝的例子。渡渡鸟 (*Raphus cucullatus*) 是一个由外来生物入侵引起灭绝的最著名的例子（虽然人类的捕杀也是其中一部分原因）。其他因为引进物种而成为受害者的还有史蒂芬岛上的史岛异鹩 (*Xenicus lyalli*)。目前，还有多个鸟种因为外来生物入侵正面临灭绝的危险，如垂耳鸦 (*Callaeas cinerea*)，查岛鸲鹟 (*Petroica traversi*)，和夏威夷鸭 (*Anas wyvilliana*)。

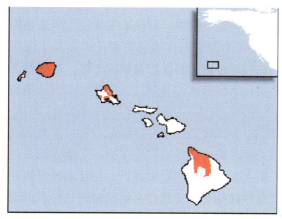

图7.3-1　夏威夷鸭 (*Anas wyvilliana*) 的分布

图7.3-2　夏威夷鸭 (*Anas wyvilliana*)

图片来源：国际鸟盟

（三）捕猎

人类利用鸟类已有很长一段时间，除了当做食物和养为宠物外，鸟类色彩斑斓的羽毛还是很好的装饰物。而有时没有节制的捕猎也会导致鸟类物种的灭绝，如在新西兰，由于人类的过度猎杀而导致了10种恐鸟的灭绝。旅鸽 (*Ectopistes migratorius*) 曾是数量最多的鸟，过度的猎杀使得这种鸟从多达数十亿只沦落到灭绝的境地。捕获鹦鹉作为宠物的贸易导致了许多种鹦鹉濒临灭绝。1986~1988年，200万只鹦鹉被合法进口到美国。也有在各国之间非法走私鹦鹉的，一些罕见的品种可能会博得很高的价格。

（四）杂交

杂交也会危及鸟类，损害鸟类的基因。据报道，北美黑鸭 (*Anas rubripes*) 已经与绿头鸭 (*Anas platyrhynchos*) 杂交，因此数量开始缓慢下降。

（五）其他威胁

鸟类还面临许多其他威胁。污染已经造成了物种数量的严重下跌。农药中的DDT会让鸟卵壳变薄而降低鸟卵的孵化率，尤其是对海鸟和猛禽的影响比较大。石油泄漏对海鸟的影响很大，这破坏了它们的羽毛防水功能，造成鸟被淹死或死于体温过低。海鸟还面临另一种威胁，它们常会被捕鱼的网或者钩子缠住或伤害。每年有多达100 000只信天翁类鸟因被鱼线钩住而淹死。

二、保护途径

科学家和鸟类保护方面的专业人员制定了若干技术规范以保护鸟类。这些技术都获得了不同程度的成功。

（一）就地保护

就地保护指在原来的生境中对濒危物种实施保护。对很多鸟来说，栖息地的损失和破坏是最严重的威胁，许多负责鸟类保护工作的动物保护团体及政府机构，致力于保护鸟类的自然栖息地。他们通过购买和保护自然的土地，把这些土地预留或在这些土地上建立国家公园或自然保护区，并通过立法禁止人们从事破坏性利用土地的做法。

（二）迁地保护和再引入

迁地保护指将濒危动植物迁移到人工环境中或异地实施保护。迁地保护是为了增加濒危物种的种群数量，而不是用人工种群取代野生种群。当迁地种群数量增加时，通过不断释放迁地种群的繁育后代补充野生种群，能增加野生种群的遗传多样性。

圈养繁殖和异地保护已被用于一些濒危种，以挽救物种免于灭绝。这主要就是要创造一个可繁殖的物种种群，无论在动物园或利用养殖设施，都是为后来重新引回自然做准备的。圈养繁殖已经使数种物种免于灭绝，最有名的例子就是加州神鹫（*Gymnogyps californianus*），这是一种几乎只剩 30只鸟的群体。为了挽救加州神鹫，主要是采取个体圈养的方法。保护工作由22只鸟的圈养开始，到2005年这种鸟的数量已经高达273只。更令人印象深刻的是毛里求斯隼（*Falco punctatus*），在1974年已下降到只有4只，但到2006年数量增长到800 只。异地保护中一个比较成功的例子是新西兰的鸮面鹦鹉（*Strigops habroptila*）恢复工程。这种体型大而不会飞行的鹦鹉生活在斯图尔特岛，在岛上受到肉食性动物的威胁，所以人们将其移到较小的近海岛屿，在那里没有天敌，它们的数量得到了增长。

再引入使夏威夷黑雁（*Branta sandvicensis*）的野生种群从30只增加到了超过500只 。这种做法除了适合野外已灭绝的物种外，一些濒危物种也可通过此方法得以回归大自然。然而，再引入存在着很大的困难，经常会失败，因为被圈养的鸟类缺乏在野外生存所需要的技能，有时失败也因为鸟类的野外威胁问题没有得到妥善解决。

参考文献

英文文献

[1]Environment Australia. Colour Flagging Protocol for Migratory Shorebirds in the East Asian-Australasian Flyway. Commonwealth of Australia, 2001.

[2]FAO. Wild Birds and Avian Influenza: an introduction to applied field research and disease sampling techniques, 2007.

[3]Fowler J, Cohen L. (undated) *Statistics for Ornithologists*, 2nd Edition, BTO Guide No.22 British Trust for Ornithology, England.

[4]Ginn H B, Melville D S. Moult in Birds. BTO Guide 19. The British Trust for Ornithology, Tring, UK, 1983.

[5]Hussell D J, Ralph C J. Recommended methods for monitoring bird populations by counting and capture of migrants. Intensive Sites Technical Committee of the Migration Monitoring Council, 1998.

[6]Jenni L, Camphuysen K. Bird Ringing 100 Years. *Ardea*, 2001, 89(1), Special Issue: 252.

[7]Manly, B F J. *The design and analysis of research studies*. Cambridge: Cambridge University Press, 1992.

[8]Manual of Field Methods of the European–African Songbird Migration Network.

[9]Manual of Field Methods of the European –African Songbird Migration Network.BTO, Thetford May 2002.

[10]Mulvihill R S, Leberman R C, Leppold A J. Relationships Among Body Mass, Fat,Wing Length, Age, and Sex for 170 Species of Birds Banded at Powdermill Nature Reserve. Eastern Bird Banding Association, Monograph 1. 2004.

[11]Nice M M. Studies in the life history of the Song Sparrow. Transactions of the Linnean Society, 1937.

[12]North American Bird Banding Manual, Vol. II, Department of the Interior, U.S. Fish and Wildlife Service, 1977.

[13]Phillips A R, Howe M A, Lanyon W E. Identification of the Flycatchers of Eastern North America, with special emphasis on the genus Empidonax. *Bird–Banding*. 1966,37(3): 153–171.

[14]Powdermill Avian Research Center Banding Station Protocol .Revised January 2006.

[15]Pyle, Peter. Identification Guide to North American Birds: Part I Columbidae to Ploceidae. Bolinas, California: Slate Creek Press, 1997.

[16]Ralph C J. The Body Grasp Technique: A Rapid Method of Removing Birds from Mist Nets. North American Bird Bander, 2005, 30:65–70.

[17]Reed J M, Oring L W. Behavioral constraints and conservation biology: conspecific

attraction and recruitment. Trends Ecol Evol, 1993.

[18]Seber G A F, Schwarz C J, Capture-recapture: before and after EURING 2000. Journal of Applied Statistics, 2002,29 (1–4): 5–18.

[19]Walters M A. Concise History of Ornithology.New Haven: Yale University Press, 2003.

[20]Whitney B, Kaufman K. The Empidonax Challenge. Part I, II, III, and IV. Birding 1985–1986, 17(4):151–158; 17(6):277–287; 18(3):153–159; 18(6):315–327.

中文文献

[1]毕俊怀,何晓萍. 内蒙古中部地区的猛禽观察. 见:中国鸟类学会. 中国鸟类学研究[C]. 1996:400–402.

[2]常家传. 鸟类环志漫谈[J]. 野生动物,2003(3).

[3]常家传,李俊涛,洪恩荣,等. 帽儿山实验林场1998年春季鸟类环志报道[J]. 动物学杂志, 2000(4).

[4]常家传,李俊涛,沈晓明. 帽儿山1999年春季鸟类环志[J]. 动物学杂志, 2001(3).

[5]常家传,唐景文,刘伯文,等. 帽儿山候鸟环志初报[J]. 动物学杂志, 1997(4).

[6]常家传, 唐景文,朱坤杰,等.1997年秋帽儿山鸟类环志报道[J]. 动物学杂志, 2000(3).

[7]常家传,尤兆群,朱坤杰,等. 1996年秋帽儿山迁徙鸟类环志研究[J]. 动物学杂志, 1998(3).

[8]楚国忠,侯韵秋. 中国鸟类环志的现状与展望[J]. 生物学通报, 1998(3).

[9]丁长青,李峰. 朱鹮的保护与研究[J]. 动物学杂志, 2005(6).

[10]范鹏,钟海波,赵方,等. 长山列岛猛禽的环志研究[J].山东林业科技, 2006(3).

[11]范强东. 胶东半岛鸟类资源的研究[J]. 山东林业科技, 2001(5).

[12]方克强,李显达,郭玉民,等. 嫩江高峰林区2008年度鸟类环志报告[J]. 野生动物, 2009(3).

[13]方克艰,于晓东,姚恒彪,等. 黑龙江嫩江高峰林区鸟类环志监测报告[J]. 四川动物, 2008(6).

[14]高立波. 卫星跟踪黑颈鹤(*Grus nigricollis*)迁徙路线以及迁徙停歇地现状初步研究[D]. 北京:中国林业科学研究院, 2006.

[15]高登选, 范丰学. 家燕环志反馈信息[J]. 山东林业科技, 1990(3).

[16]高登选, 范丰学, 陈相军.燕子的环志观察初报[J]. 动物学杂志, 1991(1).

[17]侯韵秋,楚国忠,戴铭. 中国鸟类环志概况2003~2004[A]. 见:第八届中国动物学会鸟类学分会全国代表大会暨第六届海峡两岸鸟类学研讨会论文集[C]. 2005:272–278.

[18]侯韵秋,戴铭,楚国忠. 中国鸟类环志概况[J]. 野生动物,2000(6).

[19]侯韵秋,李重和,刘岱基,等. 中国东部沿海地区春季猛禽迁徙规律与气象关系的研究[J]. 林业科学研究, 1998(1).

[20]胡中常,袁志湘,刘继群,等. 湖南屏风界候鸟种类与迁徙规律调查[J]. 野生动物, 2007(1).

[21]惠鑫, 马强, 向余劲攻, 等. 崇明东滩鸻鹬类迁徙路线的环志分析 [J]. 动物学杂志, 2009(3).

[22]蒋志刚. 全球定位系统在野生动物研究中的应用[J]. 动物学杂志, 1996(1).

[23]金东庆, 于新建, 朴仁珠.日本鸟类环志研究今昔[J]. 野生动物, 1993(1).

[24]李重和,杨若丽,刘岱基,等. 中国东部沿海地区猛禽迁徙与天气、气候的关系研究[J].

林业科学研究,1991(1).

[25]李声林,朱献恩,王希明.青岛市1999年秋季鸟类迁徙报告[J].四川动物,2000(4).

[26]李显达,郭玉民,方克艰,等.嫩江高峰林区白腰朱顶雀的环志回收[J].动物学杂志,2007(1).

[27]李晓民,马逸清,马勇,等.苍鹭迁徙的环志分析[J].野生动物,1989(6).

[28]刘阳,张正旺.鸟类的扩散行为研究进展[J].生态学报,2008(4).

[29]陆健健,施铭,崔志兴.东海北部沿海越冬鸻鹬群落的初步研究[J].生态学杂志,1988(6).

[30]罗增阳.南涧凤凰山鸟类环志初步研究[J].林业调查规划,2006(1).

[31]马鸣.中澳之间迁徙鸻鹬类和燕鸥类的环志介绍[J].动物学研究,2001(2).

[32]马鸣,Clive MINTON,Ken KRAAIJEVELD,Rosalind JESSOP,Ken GOSBELL.中澳之间迁徙鸻鹬类和燕鸥类的环志介绍[J].动物学研究,2001(2).

[33]马鸣,魏顺德,程军.卫星跟踪下的黑鹳迁徙[J].动物学杂志,2004(2).

[34]马志军.鸟类迁徙的研究方法和研究进展[J].生物学通报,2009(3).

[35]马志军,李博,陈家宽.迁徙鸟类对中途停歇地的利用及迁徙对策[J].生态学报,2005(6).

[36]全国鸟类环志办公室,全国鸟类环志中心.中国鸟类环志年鉴[M].兰州:甘肃科学技术出版社,1987.

[37]全国鸟类环志中心.鸟类环志培训手册(试用本)[M].北京:1998年10月.

[38]全国鸟类环志中心.鸟类环志员手册(试用本)[M].北京:2002年4月.

[39]覃建庸,陈名红,向左甫.鸟类的季节性迁徙方式与研究方法[J].安徽农业科学,2008,17.

[40]王宁.近代的鸟类灭绝[J].生物学通报,2004(4).

[41]王中裕,王刚,路宝忠,等.环志朱鹮生命表及繁殖情况的分析研究[J].汉中师范学院学报(自然科学),2000(3).

[42]伍和启,杨晓君,杨君兴.卫星跟踪技术在候鸟迁徙研究中的应用.动物学研究,2008(3).

[43]相桂权,高玮,冯贺林,等.中国东北地区猛禽的分布研究[A].见:中国鸟类学会.中国鸟类学研究[C].北京:中国林业出版社,1996:159-162.

[44]项晶,刘洋,卜梦磊,等.北戴河地区鸟类环志及生态调查[J].野生动物,2006(3).

[45]许维枢.1986—1990年秋北戴河有关国家重点保护候鸟的数量变动[A].见:中国动物学会.纪念陈桢教授诞辰100周年论文集[C].北京:中国科学技术出版社,1994:385-391.

[46]杨月伟.山东省候鸟资源的保护和利用[J].曲阜师范大学学报(自然科学版),2001(2).

[47]杨月伟.山东省湿地水鸟资源现状与保护[J].国土与自然资源研究,2007(3).

[48]于新建.赴日本鸟类环志考察报告[J].山东林业科技,1990(1).

[49]于新建.山东省候鸟环志与展望[J].野生动物,1991(2).

[50]张孚允.中国候鸟的环志研究和在亚太地区的地位[J].林业科学研究,1989(4).

[51]张孚允.鸟类环志——一项战略性研究[J].世界林业研究,1989(4).

[52]张孚允.日本鸟类环志现状和动向[J].世界林业研究,1993(6).

[53]张孚允,杨若丽.中国鸟类迁徙研究[M].北京:中国林业出版社,1997.

[54]张孚允,杨若丽,刘岱基.青岛地区候鸟迁徙规律研究初报[A].见:全国鸟类环志办公室,全国鸟类环志中心.中国鸟类环志年鉴[C].兰州:甘肃科学技术出版社,1987:104-107.

[55]张守富,张守林,高登选.金腰燕环志情况简介[J].动物学杂志,1989(5).

[56]张正旺. 濒危动物的再引入与物种保护[J]. 动物学杂志, 1992(6).

[57]张正旺. 保护生物学——生物学的新分支[J]. 生物学通报, 1995(8).

[58]赵洪峰, 雷富民. 鸟类用于环境监测的意义及研究进展[J]. 动物学杂志, 2002(6).

[59]赵正阶. 中国鸟类志[M]. 长春:吉林科学技术出版社, 2001.

[60]郑光美. 鸟类学[M]. 北京:北京师范大学出版社, 1995.

[61]钟义, 杨金光, 刘永红, 等. 2002年北戴河林栖迁徙鸟类环志[J]. 动物学杂志, 2005(2).

参考网址:

[1]http://www.aiproject.org

[2]http://www.environment.gov.au/biodiversity/science/abbbs

[3]http://en.wikipedia.org/wiki/Bird_conservation

[4]http://www.euring.org

[5]http://www.falklandsconservation.com/albatross—orange.html

[6]http://www.holmer.nl/nasal_marks.htm

[7]http://www.life.uiuc.edu

[8]http://www.powdermill.org

[9]http://www.pwrc.usgs.gov/BBL/homepage/btypes.cfm

[10]http://www.wheatear.biz

[11]http://www.yamashina.or.jp/hp/english/banding/index.html

附 录

附录一

鸟类环志管理办法（试行）

国家林业局文件 林护发 ［2002］33号

各省、自治区、直辖市林业（农林）厅（局）：

为切实加强对鸟类环志工作的监督和管理，规范鸟类环志活动，我局制定了《鸟类环志管理办法（试行）》和《鸟类环志技术规程（试行)》，现印发给你们，请认真遵照执行。

二〇〇二年二月二十二日

第一条 为加强和规范鸟类环志活动促进鸟类资源的保护与管理，制定本办法。

第二条 凡开展鸟类环志活动的，应当遵守本办法。本办法所称鸟类环志系指将国际通行的印有特殊标记的材料佩带中植入鸟类身材对其进行标记，然后将鸟放归自然，通过再捕获、野外观察、无线电跟踪或卫星跟踪等方法获得鸟类生物学和生态学信息的科研活动。

第三条 国家鼓励自然保护区、科研机构、大中专院校、野生动物保护组织等单位结合科研项目及教学实践开展鸟类环志活动。

第四条 国家林业局主管全国鸟类环志管理工作。

县级以上林业行政主客部门负责辖区内鸟类环志管理工作。

第五条 全国鸟类环志中心是全国鸟类环志的技术管理机构，负责组织和指导全国鸟类环志活动。

第六条 全国鸟类环志中心的职责：

（一）负责编制全国鸟类环志规划和技术规程，并组织实施，指导和协调鸟类环志活动。

（二）监制和发放环志工具、标记物；

（三）收集和管理全国鸟类环志信息；

（四）制定全国鸟类环志培训计划，组织培训鸟类环志人员；

（五）开展国际合作与信息交流；

（六）承担国家林业局委托的其他工作。

第七条 在下列区域，县级以上林业行政主管部门可以建立鸟类环志站：

（一）重要的水禽湿地；

（二）鸟类集中的繁殖地、越冬地和迁徙停歇地；

（三）自然保护区；

（四）具备环志条件的其他区域。

第八条　鸟类环志站的职责：

（一）制定并组织实施辖区内鸟类环志计划，组织开展鸟类环志活动掌握鸟类资源动态；

（二）汇总、上报鸟类环志记录及回收信息；

（三）普及鸟类环志知识；

（四）承担县级以上林业行政主管部门委托的其他鸟类调查、监测、培训、鉴定和研究工作。

第九条　建立鸟类环志站应具备下列条件：

（一）两名以上具有鸟类环志合格证书的工作人员；

（二）稳定的环志事业费；

（三）必要的办公设备、环志工具。

第十条　鸟类环志站的建立，由所在地林业行政主客部门提出申请，经省、自治区、直辖市林业行政主管部门审核同意后，报国家林业局批准。

第十一条　鸟类环志站的名称使用"地名+鸟类环志站"。

第十二条　国家鼓励与支持多渠道筹集资金开展鸟类环志工作。

鸟类环志工作是社会公益事业，其经费纳入事业经费预算。

第十三条　从事鸟类环志活动的人员，必须持有全国鸟类环志中心颁发的鸟类环志合格证书。鸟类环志合格证书由全国鸟类环志中心统一印制。

第十四条　全国鸟类环志中心按年度向国家林业局提交全国鸟类环志计划。经批准后实施鸟类环志的，不再另行办理，《特许猎捕证》、《狩猎证》。

第十五条　开展鸟类环志活动应当遵守国家有关鸟类环志的技术规程。

第十六条　开展鸟类环志活动，必须使用全国鸟类环志中心监制的鸟环或者其认可的其他标记物。

第十七条　国外组织或个人在中国境内开展鸟类环志活动的，应向全国鸟类环志中心提交环志活动申请及方案，报国家林业局批准后，由全国鸟类中心统一安排环志活动。

第十八条　鸟类环志站按年度向全国鸟类环志中心提交工作报告。

其他经批准开展鸟类环志活动的，应在环志活动结束后三个月内，向全国鸟类环志中心提交工作报告。

第十九条　禁止假借鸟类环志活动非法猎捕鸟类。

第二十条　本办法由国家林业局负责解释。

第十一条　本办法自发布之日起施行。

附录二

中国鸟类环志研究用表、卡的设计

　　全国鸟类环志中心参照有关国家鸟类环志工作所使用的表格，根据我国实际情况，设计了鸟类环志日志、鸟类环志登记卡、鸟类环志回收通知卡、鸟类环志地观察日志、鸟类环志用环日志、鸟类环志用环使用登记表6种表格。下发至各站、点供使用，以便全国鸟类环志中心汇总、存档、交流和分析。

　　（一）鸟类环志日志（二联单）

　　1. 本日志供站、点在鸟类环志季节，每天野外工作时使用。可一式同时复写两份，第一联交全国鸟类环志中心保存备查，第二联供环志站、点备查。

　　2. 同日环志鸟类较多时，可续写第二张，但表头各项仍需填写，页码号须注清顺序，以免与不同时间日志混淆。

　　3. 环志者一栏必须按负责环志者、参加工作者顺序添清，表下填表人需签名备查。

　　4. 本日志在每次环志工作结束后，及时寄送全国鸟类环志中心一份。

　　（二）鸟类环志登记卡

　　1. 本卡为两联登记卡，第一联为软纸；第二联为硬纸。复写后第二页寄全国鸟类环志中心，供分析整理各站、点环志鸟类的汇总、存档使用。第一页为环志站、点分类存档备查。

　　2. 本表中各站、点名称、地理位置、鸟类名称应详尽、正确填写，鸟类名称除地方名外，均应用统一中、拉丁文学名。如能确定为某一亚种者亦应填写清楚。

　　（三）鸟类环志回收通知卡

　　1. 本表供各站、点在回收环志鸟后，填写寄送全国鸟类环志中心，全国鸟类环志中心通过原环志单位或国家相应环志机构使用。

　　2. 活捕鸟再次重复加换放飞者需记录环号同时再次填写鸟类环志日志鸟类环志登记卡，并在备注中说明。

　　（四）鸟类环志地观察日志（二联单）

　　1. 本表供各站、点每年开始于某点捕鸟环志时填写。

　　2. 内容包括：

　　（1）环志点的生态环境详况。

　　（2）鸟类环志站中鸟的种类和数量等。

　　（3）捕获鸟种数和各种鸟数量。

（4）捕捉方法和工具：网拦截、驱赶入网或诱饵捕捉等。

（5）当日各种工具的捕获率、鸟种和数量，最佳捕获方法和时间，对鸟体的损伤情况。

（6）在当地的栖息特点：过路、繁殖、还是越冬；单只，成对，还是集群；集群的大小，飞行的高度和特点，活动的节律和频次等。

（五）鸟类环志环使用登记表

1.本表为各站、点向全国鸟类环志中心领用环志环和各站、点每天使用环数统计用。目的是掌握不同时间实际使用不同类型环的个数。

2. 表中报废环个数需于备注中写明环形和环号。

十多年来，从中国环志鸟的情况看，我们应用的环志用环、表、卡的设计是合理的，质量是符合要求的。

附录三

中华人民共和国政府和日本国政府保护候鸟及其栖息环境协定

中华人民共和国政府和日本国政府考虑到鸟类是自然生态系统的一个重要因素，也是一项在艺术、科学、文化、娱乐、经济等方面具有重要价值的自然资源，鉴于很多种鸟类是迁徙于两国之间并季节性地栖息于两国的候鸟，愿在保护和管理候鸟及其栖息环境方面进行合作，达成协议如下：

第一条

一、本协定中所指的候鸟是：

（一）根据环志或其他标志的回收，证明确定迁徙于两国之间的鸟类；

（二）根据标本、照片、科学资料或其他可靠证据，证明确实栖息于两国的迁徙鸟类。

二、（一）本条第一款所指的候鸟的种名列入本协定附表。

（二）在不修改本协定正文的情况下，经两国政府同意，本协定附表可予以修改，其修改自两国政府以外交换文所确认之日起第九十天生效。

第二条

一、猎捕候鸟和拣取其鸟蛋，应予以禁止。但根据各自国家的法律和规章，下列情况可以除外：

（一）为科学、教育、驯养繁殖以及不违反本协定宗旨的其他特定目的；

（二）为保护人的生命和财产；

（三）本条第三款所规定的猎期内。

二、违反本条第一款的规定而猎捕的候鸟、拣取的候鸟鸟蛋以及它们的加工品或其一部分，应禁止出售、购买和交换。

三、两国政府可按照候鸟的生息状况，根据各自国家的法律和规章规定候鸟的猎期。

第三条

一、两国政府鼓励交换有关研究候鸟的资料和刊物。

二、两国政府鼓励制定候鸟的共同研究计划。

三、两国政府鼓励保护候鸟，特别是保护有可能灭绝的候鸟。

第四条

两国政府为保护和管理候鸟及其栖息环境，根据各自国家的法律和规章设立保护区，并采取其他适当措施，特别是：

（一）探讨防止危害候鸟及其栖息环境的方法；

（二）努力限制进口和引进对保护候鸟有害的动植物。

第五条

应任何一方政府的要求，两国政府可对本协定的实施进行协商。

第六条

一、本协定在各自国家履行为生效所必要的国内法律手续并交换确认通知之日起生效。本协定有效期为十五年，十五年以后，在根据本条第二款的规定宣布终止以前，继续有效。

二、任何一方政府在最初十五年期满时或在其后，可以在一年以前，以书面预先通知另一方政府，随时终止本协定。

下列代表，经各自政府正式授权，已在本协定上签字为证。

本协定于一九八一年三月三日起在北京签定，一式两份，每份都用中文和日文写成，两种文本具有同等效力。

中华人民共和国政府代表　　日本国政府代表

雍文涛（签字）　　　　吉田健三（签字）

附录四

中华人民共和国政府和澳大利亚政府保护候鸟
及其栖息环境的协定

中华人民共和国政府和澳大利亚政府（以下简称"缔约双方"）考虑到鸟类是自然环境中的一个重要组成部分，也是一项在科学、文化、娱乐和经济等方面具有重要价值的自然资源；认识到当前国际上十分关注候鸟的保护；注意到现有的双边和多边候鸟保护协定；鉴于很多鸟类是迁徙于中华人民共和国和澳大利亚之间并栖息于两国的候鸟，愿在保护候鸟及栖息环境方面进行合作，经过友好商谈，达成协议如下：

第一条

一、本协定所指的候鸟是：

（一）根据环志或其他标志的回收，证明确实是迁徙于两国之间的鸟类；

（二）缔约双方主管当局根据已发表的文献、图片和其他资料，共同确认迁徙于两国的鸟类。

但是，不包括已知的人为引进任何一国的候鸟。

二、（一）本条第一款所指的候鸟的种名列入本协定附表；

（二）缔约双方主管当局将不定期审议协定附表。如有必要，缔约双方经相互同意，可对本协定附表进行修改；

（三）修改后的本协定附表自缔约双方以外交换文确认之日起第九十天生效。

第二条

一、缔约各方应禁止猎捕候鸟和拣其鸟蛋。但根据各自国家的法律和规章，下列情况除外：

（一）为科学、教育、驯养繁殖以及不违反本协定宗旨的其他特定目的；

（二）为保护人的生命和财产；

（三）本条第三款规定的猎期内；

（四）在特定地区，在候鸟为数众多，并已予适当保护的条件下，当地居民进行以食、衣或文化娱乐为目的的传统性的打猎活动，采集特定的候鸟或其鸟蛋。

二、缔约双方应禁止任何出售、购买和交换候鸟或其鸟蛋（无论是活体还是死体），以及它们的加工品或其一部分，但是不包本条第一款所允许的目的。

三、缔约双方在考虑维持候鸟每年正常增殖的情况下，可规定猎期。

第三条

一、缔约双方鼓励交换有关研究候鸟的资料和刊物。

二、缔约双方鼓励保护制订共同研究候鸟的计划。

三、缔约双方鼓励保护候鸟，特别是保护有可能灭绝的候鸟。

第四条

为保护和管理候鸟及其栖息环境，缔约双方应根据各自国家的法律和规章设立保护区和其他保护设施。并采取必要和适当的保护及改善候鸟栖息地的措施，特别是：

一、防止候鸟及其栖息地遭受破坏；

二、限制或防止进口和引进危害候鸟及其栖息环境的动植物。

第五条

应缔约任何一方的要求，缔约双方可对本协定的实施进行协商。

第六条

一、本协定自缔约双方完成为生效所必需的各自国内法律手续并相互通知之日起生效。本协定有效期为十五年，十五年以后，在根据本条第二款的规定宣布终止以前，继续有效。

二、缔约任何一方可在最初十五年期满或在其后的任何时候提前一年，以书面形式预先通知另一方终止本协定。

为此，本协定由各自国家政府的全权代表签署，以资证明。

本协定于一九八六年十月二十日在堪培拉签订，一式两份，每份都用中文和英文写成，两种文本具有同等效力。

中华人民共和国政府全权代表　　澳大利亚政府全权代表

董智勇（签字）　　　　　　　　瑞　安（签字）